公众创伤防范及自救互救

西南医科大学附属医院　组织编写

化学工业出版社

·北京·

内容简介

本书是基于生命全周期创伤构建的预防方案。为读者提供可靠、有效的渠道了解并掌握创伤预防知识，提升人们安全意识，改变不良行为习惯。将生活常见的创伤内容依据年龄划分为不同的阶段，主要包括儿童、成人（含孕妇）、老年人，同时以每个阶段常见的不同创伤类型，按照创伤的表现和识别、发生前预防、发生后处理以及儿童健康教育、家长普及教育和常见救护误区等，建立创伤自救互救科普内容。

本书适用于普通大众读者，也可以作为社区、幼儿园、养老院等的培训用书或宣传手册。

图书在版编目（CIP）数据

公众创伤防范及自救互救/西南医科大学附属医院组织编写. —北京：化学工业出版社，2023.11

ISBN 978-7-122-44891-0

Ⅰ.①公… Ⅱ.①西… Ⅲ.①自救互救-基本知识 Ⅳ.①X4

中国国家版本馆CIP数据核字（2023）第235548号

责任编辑：张雨璐　李植峰　　　装帧设计：王晓宇
责任校对：杜杏然

出版发行：化学工业出版社
（北京市东城区青年湖南街13号　邮政编码100011）
印　　装：中煤（北京）印务有限公司
710mm×1000mm　1/16　印张$9\frac{1}{2}$　字数121千字
2023年12月北京第1版第1次印刷

购书咨询：010-64518888　　　售后服务：010-64518899
网　　址：http://www.cip.com.cn
凡购买本书，如有缺损质量问题，本社销售中心负责调换。

定　　价：48.00元

《公众创伤防范及自救互救》编写人员

主　编： 郑思琳

副主编： 黄厚强　黄　敏　魏丽平　任　敏　郭声敏　李子慧

编　者： 郑思琳　黄厚强　黄　敏　魏丽平　任　敏　郭声敏　李子慧　陈　琪　严小览　宋　如　刘　琰　王玉珏　叶　娟　曾　毅　陈　红　黄丽衡　罗　林　周成莉　陈　妮　陈　琳　陈顺利　游俊杰　杨　春　涂素华　佘秋群　刘　凤　陈　静　雷素娟　丁玉辉

插　图： 刘沐雨

前言

创伤是机械因素引起人体组织或器官结构完整的破坏或功能障碍，在日常生活中极为常见。据报道，全球每年死于创伤的人数高达500万，已成为威胁人类健康的主要问题之一。公众对于创伤现场的正确急救互救可以有效降低伤者致死率和后期致残率。我国目前存在公众创伤预防意识不足、创伤知识和技能缺乏等问题，因不正确的急救措施给伤者造成二次伤害的情况时有发生。为了普及科学的创伤预防措施和正确的急救技能，我们编写了这本科普宣传手册，以提高公众的创伤预防意识和现场急救水平。

本书基于全生命周期构建公众创伤预防措施和创伤自救互救方案。全生命周期包含了婴幼儿期、青少年期、青壮年期、老年期等阶段，常见的创伤类型包括儿童窒息与异物进入机体、中毒、道路交通安全、跌倒、坠落、溺水，成人创伤、烧烫伤预防及急救，老年人跌倒和孕产妇创伤等方面。科普内容基于各类型创伤的特征，发生因素（人、媒介物、环境），三个阶段（发生前、发生中、发生后）的表现和处理措施，以图文并茂的形式展示。手册内容涉及16种创伤类型，约340幅插画，生动有趣，内容全面丰富，通俗易懂，受众人群广泛，力求提高公众的创伤预防意识和自救互救技能。

本书由西南医科大学附属医院公众创伤防范及创伤自救互救能力提升科普培训课题组编写，参加编写人员包含博士2人，硕士9人；具有高级职称者11人，中级职称者15人。我们致力于献给公众一本实用性和科学性较强的创伤科普宣传手册。

编者

2023年11月

目录

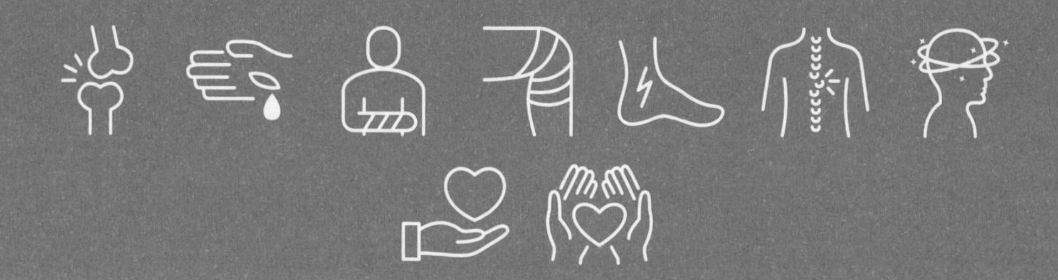

儿童窒息
与异物进入机体

一、概述

儿童的好奇心强，在玩耍时，可能会将小物品如豆类食物、玻璃珠、塑料小玩具、硬币、纽扣等塞入鼻腔、外耳道或扔进口内，从而引起窒息和异物进入机体，多见于5岁以下儿童。

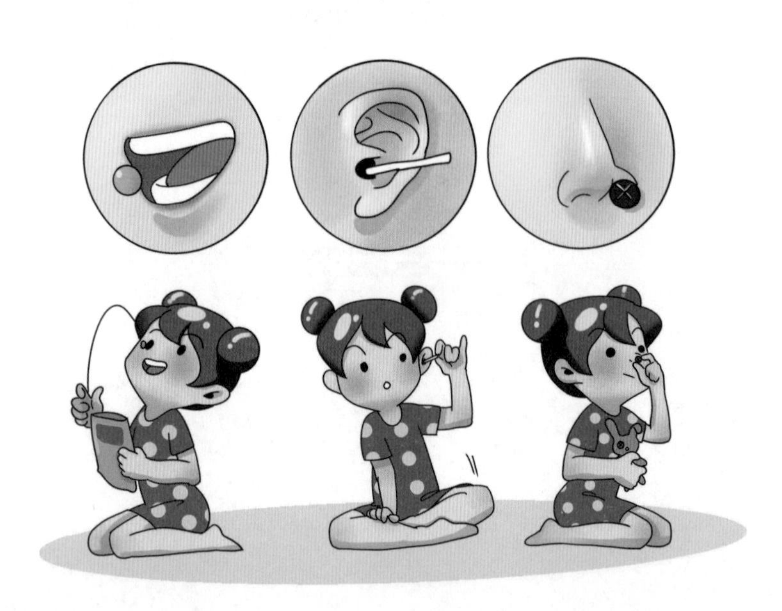

二、表现与识别

（一）异物进入鼻腔

1. 小、软、棱角不清的异物，比如小纸团、小珠子等，进入鼻腔后无明显异常或仅有轻微不适感。

2.大、坚硬、有棱角、有刺激性的异物，比如纽扣电池、螺丝钉、小石子等，进入鼻腔后会出现鼻痛、鼻塞、鼻出血等症状。

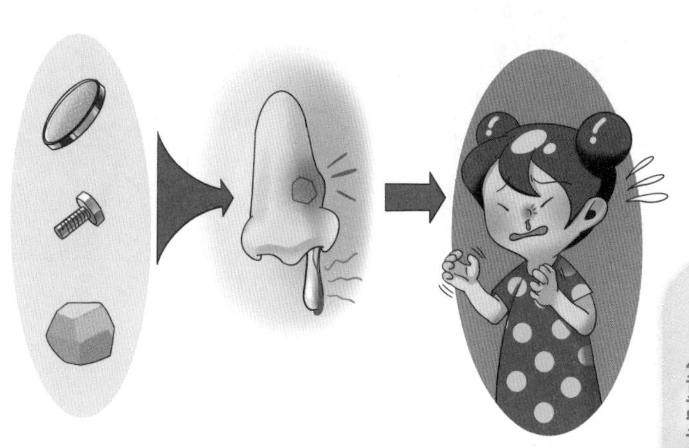

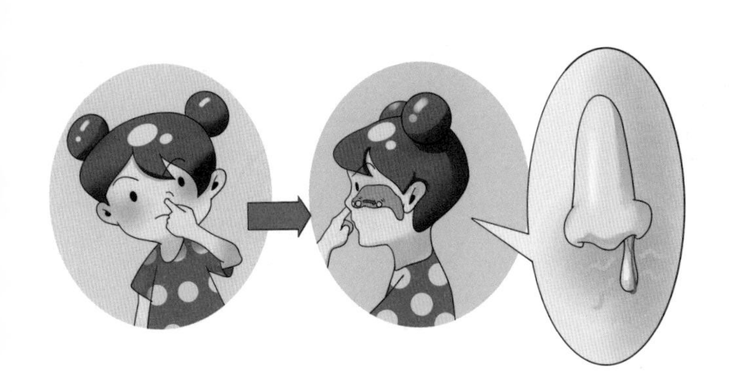

3.异物被塞进鼻孔后，部分孩子会用手抠挖，反而把异物越推越深。如果早期未及时发现，一段时间后，会发现孩子有带血丝的脓臭鼻涕。

（二）异物进入外耳道

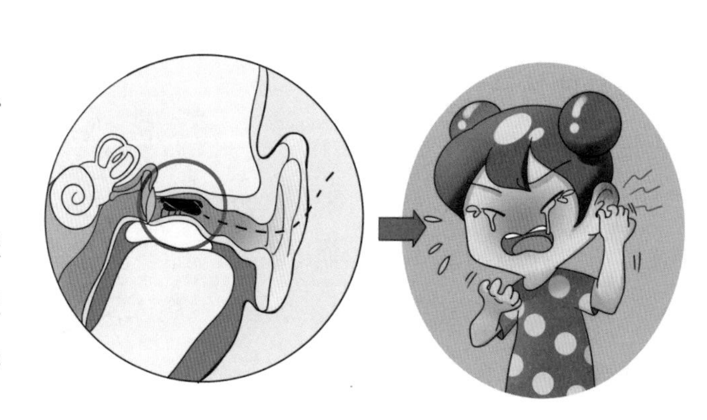

儿童耳道比较狭窄，异物如昆虫等进入后不容易出来，异

物的刺激可损伤外耳道和鼓膜，产生外耳道疼痛、有分泌物、出血、听力下降、噪声耳鸣等症状，严重可导致鼓膜穿孔和听骨链损伤。儿童可表现出用手抓耳、摇头、哭闹、烦躁等异常现象。

（三）异物进入口腔

1.异物吸入造成急性呼吸道异物堵塞，多因果冻、花生仁等小食品或者其他小物件在儿童口中，因哭闹、嬉笑或突然的惊吓引起深吸气，使异物进入呼吸道从而引起呼吸道异物。

2. 异物吸入多表现为儿童正在进食或进食后，儿童突然出现的无法咳嗽或剧烈咳嗽、面色青紫、呼吸困难、手放在喉咙处、说不出话或声音嘶哑、吞咽困难等。

3. 当气道完全阻塞时会造成窒息，儿童可迅速出现意识丧失，甚至呼吸及心跳停止。小儿不能呼吸只要1分钟，心跳就会停止；若窒息造成缺氧持续6～8分钟，大脑受损将是不可逆的。

三、发生前预防

（一）家长健康教育

1.看护婴幼儿时，必须做到放手不放眼，孩子玩耍不能离开监护人的视线。特别注意玻璃珠、电池等误吸会有致命危险。

2.将家用小物品放在儿童接触不到的位置。

3.不给儿童玩体积小、锐利的玩具或者带有小零件的玩具，如小珠子、纽扣、棋子、别针、图钉、硬币、小刀、剪刀等，以免塞入耳、鼻或放入口中误吞，造成耳、鼻、气管及食管异物，引起刺伤、割伤及中毒等。

4. 注意年龄较大儿童的行为，他们可能会给年幼弟弟、妹妹危险的小物品。

5. 不强行给孩子灌药。

6. 改正孩子口中含物的不良习惯，如发现，耐心劝说使其吐出，不用手指强行挖取，更不要恐吓。

7.让孩子单独睡小床或与父母同床不同被。

8.注意儿童饮食。

① 将食物切成小条，烹饪时让食物尽量软烂，方便儿童完全咀嚼。

② 年幼儿童的所有餐食都应有成人监督。特别是当幼儿进食硬、小、圆等不易咀嚼的食物时，家长应当全程看护，如进食糖果、花生和瓜子等坚果、玉米、果冻、汤圆、葡萄等及带刺、带骨、带核的食品。

③ 喂食时，教育儿童应保持直立坐位，不可躺着吃饭。

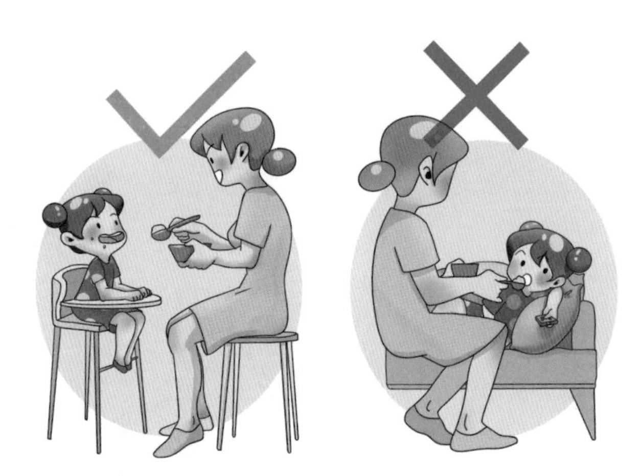

④ 不可在儿童哭闹或者大笑的时候喂食；在喂食时，不可惊吓、逗乐、责骂儿童，以免儿童因大笑、大哭而将食物吸入气管。

⑤ 给儿童喂食足够的食物后，不可再喂食，特别当祖辈喂食时更应注意，以免过饱造成食物反流，引起窒息。

⑥ 儿童瞌睡来袭时不能再喂食，饭后不能马上平躺睡觉，以免造成食物反流，堵塞气管造成窒息。

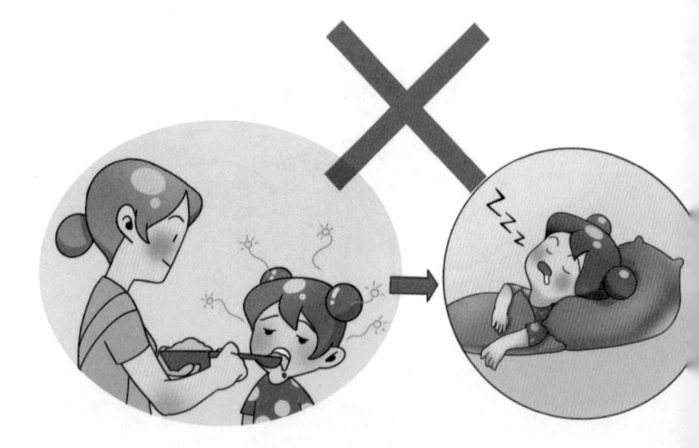

（二）儿童安全教育

1. 不可将任何小物件塞入鼻腔、耳朵，不可将小物件抛入口内。

2.不玩耍玻璃珠、硬币、纽扣等小物品。

3.不可用嘴含着学习用品，如笔、小橡皮擦，或者其他小物品。

4.养成良好的进食习惯，细嚼慢咽，以免将骨头或果核吞入。

5.进食时，保持直立坐位，不可躺着吃饭。

6.进食时不可追逐跑步、呼喊、说话、嬉笑、大哭大闹。

7.已经吃饱饭后，不可再贪吃零食。

8.瞌睡来时不能继续进食，吃饱后不可马上平躺睡觉，应休息一会儿再躺下。

四、发生后处理

（一）异物进入鼻腔的处理

1.不可自行用手指抠挖或镊子夹取，建议立即就医。

2.就医途中保持小儿坐立位，头面部稍向下低；给予安抚，避免小儿哭闹。

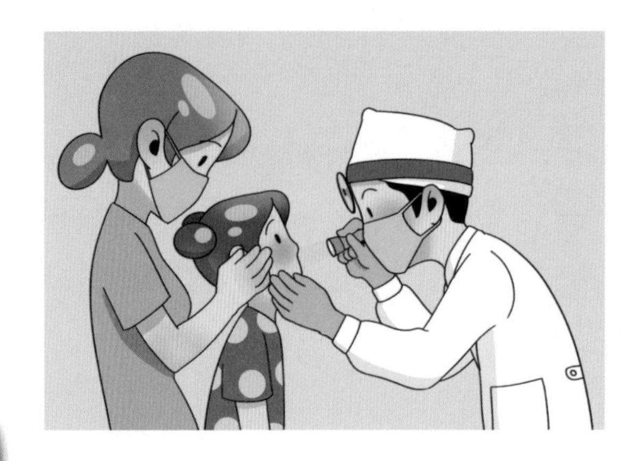

3.就诊过程中，配合医生，安抚小儿情绪，协助医生固定小儿体位，利于鼻腔异物取出。

（二）异物进入外耳道的处理

1.进入外耳道的异物，不可自行强行取出，立即就医，由耳鼻喉医师取出。

2.无论哪种异物入耳，不可用手指或耳勺掏，可能将异物推向更深处给耳道造成损伤。

3. 昆虫入耳，一般在不明确是何种昆虫时，不可盲目烟熏和光照，烟熏和光照对昆虫产生刺激，让昆虫钻得更深，会对耳道产生更大的伤害。可以先往耳道内滴入几滴植物油，让昆虫死亡，中耳炎和鼓膜穿孔等耳病患者不适用。

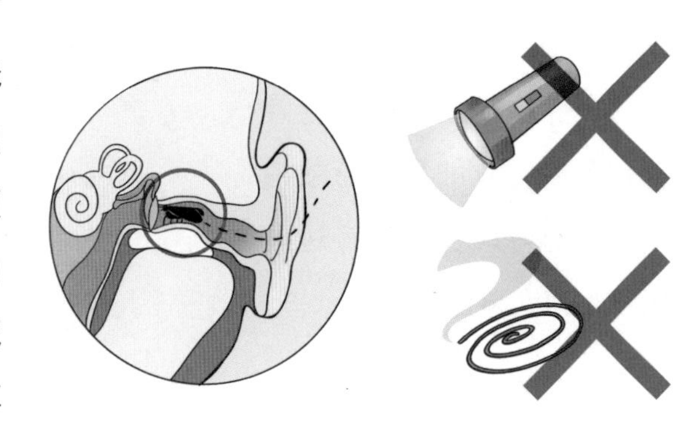

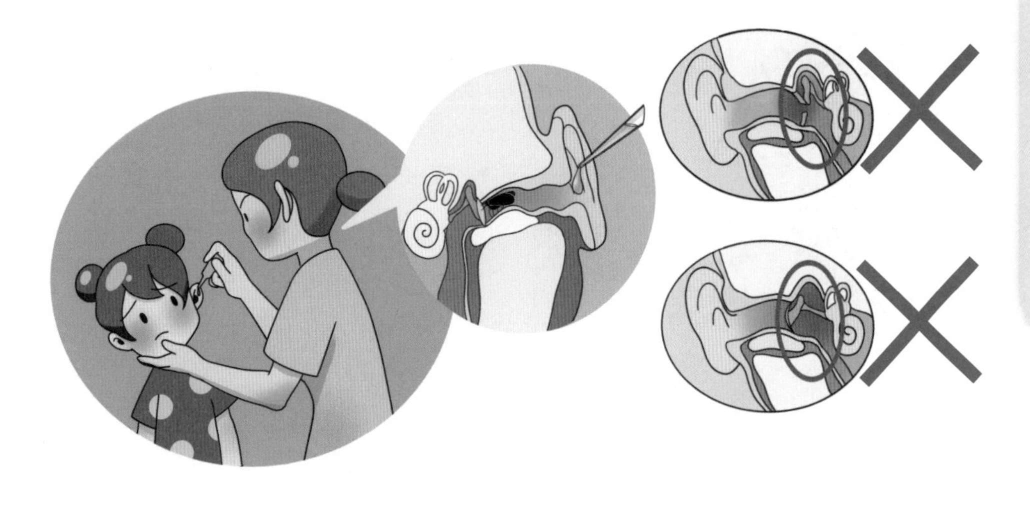

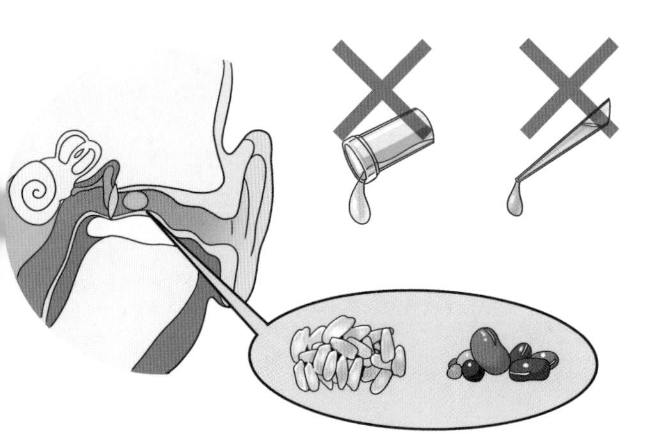

4. 豆类、大米入耳，不可滴油或滴水，植物性异物吸水或油后会膨胀，更难取出。

（三）异物进入口腔的处理

1.异物吸入造成气道异物梗阻时，立即采取急救措施，同时呼叫并请求身边人拨打120急救电话。

2. 1岁以上儿童采用海姆立克腹部冲击法，抢救的黄金时间为4分钟内。

① 家长位于孩子背后，儿童站立位，两腿分开，身体稍向前倾。

② 家长手部定位部位为儿童肚脐上2横指的位置。

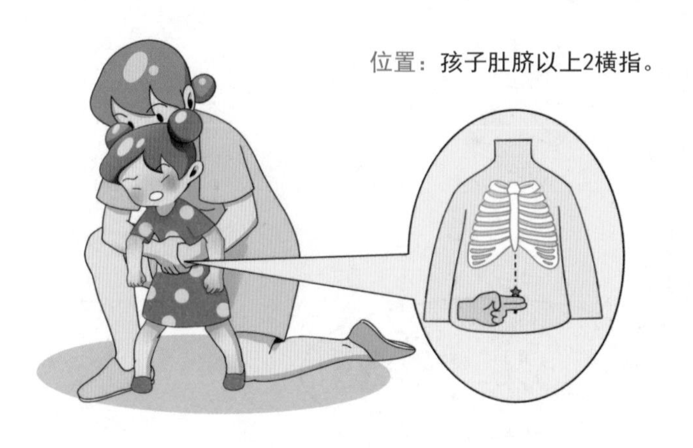

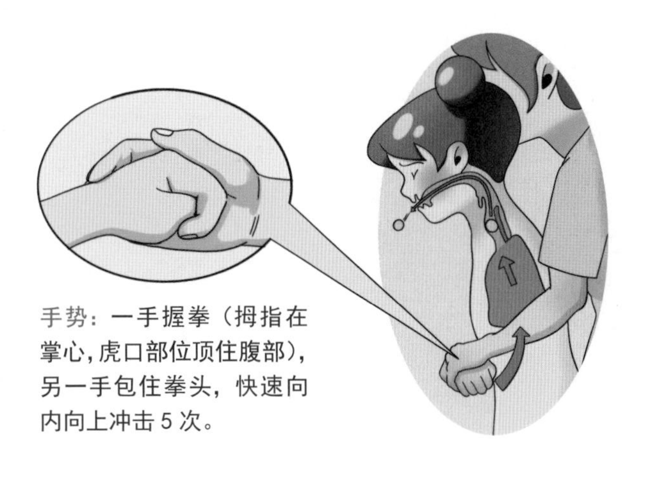
手势：一手握拳（拇指在掌心，虎口部位顶住腹部），另一手包住拳头，快速向内向上冲击 5 次。

③ 一手握拳（拇指握在掌心，虎口部位顶住腹部），另一手包住拳头，快速向内向上冲击腹部5次。

④ 重复上述动作，直至儿童吐出口中异物。

3. 1岁以内婴儿采用海姆立克背部叩击法和胸部冲击法。

（1）背部叩击法

① 一手固定婴儿下颌角，面部朝下、头低臀高，使婴儿头部轻度后仰，打开气道，放在双腿上。

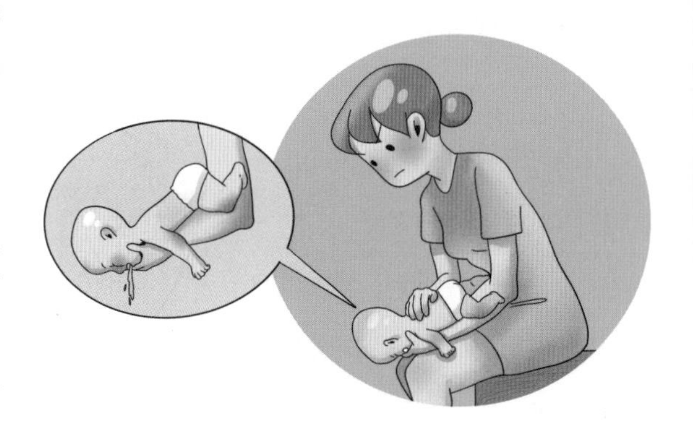

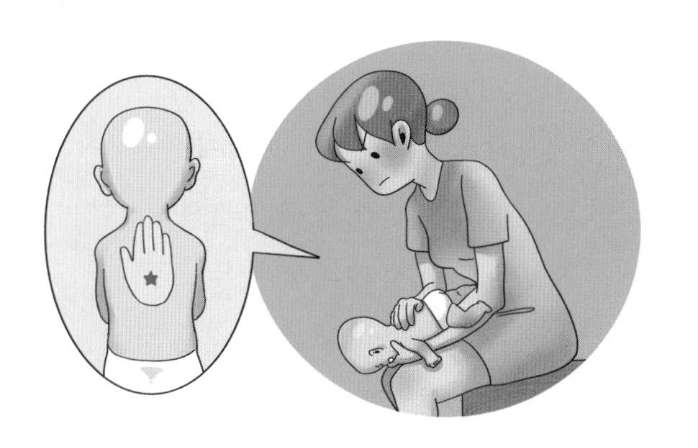

② 另一手定位为婴儿背部两肩胛骨连线之间。

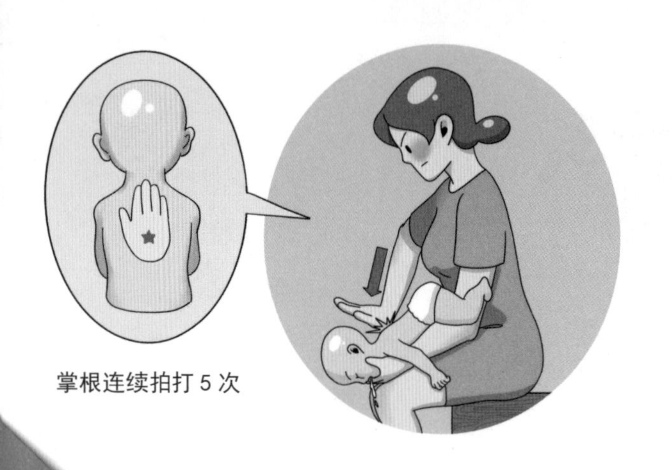
掌根连续拍打 5 次

③ 另一手的掌根部较重地快速拍打背部5下。

（2）胸部冲击法

① 一手固定婴儿头颈部，使其面部朝上、头低臀高。

② 另一手定位部位为婴儿两乳头连线中点。

③ 另一手示（食）指和中指并拢，给予胸部冲击按压5次。

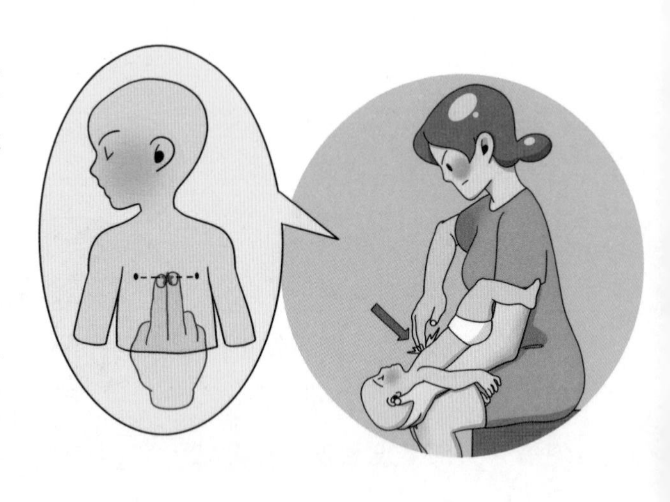

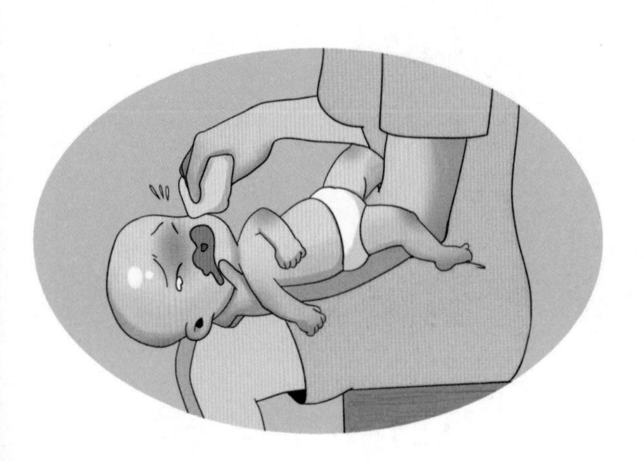

（3）及时检查婴儿的口腔，如有异物流出，马上清理。

（4）上述背部叩击法和胸部冲击法交替重复使用，可迅速缓解婴儿缺氧症状，并等待救援人员到来。

4.当小儿失去反应、无呼吸无意识时，立即进行心肺复苏。

① 轻拍小儿肩膀，确定小儿有无意识和呼吸。

② 将小儿放置硬板床上或地板上，确认现场环境安全。

③ 按压部位为两乳头连线的中点。

对1岁以内婴儿，家长食指和中指并拢，放在婴儿胸部中央（略低于两乳头连线的中点），垂直向下按压。

1 岁以内婴儿

按压姿势：食指和中指并拢，放在婴儿胸部中央（略低于两乳头连线中点），垂直向下按压。

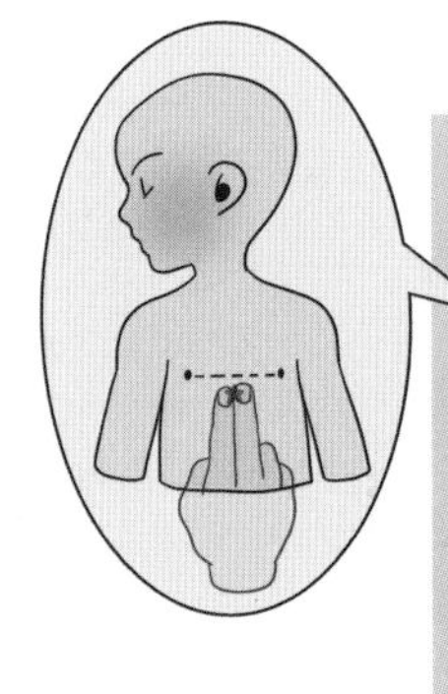

对1岁以上儿童，家长两手重叠，掌根放在儿童胸部两乳头连线的中点，垂直向下按压。

④ 按压频率100 ~ 120次/分，按压深度为胸部前后径的1/3，婴儿约4厘米、儿童约5厘米。

⑤ 30次按压后，检查口腔是否有异物，无异物或者移除异物后，抬下颌，人工呼吸2次。

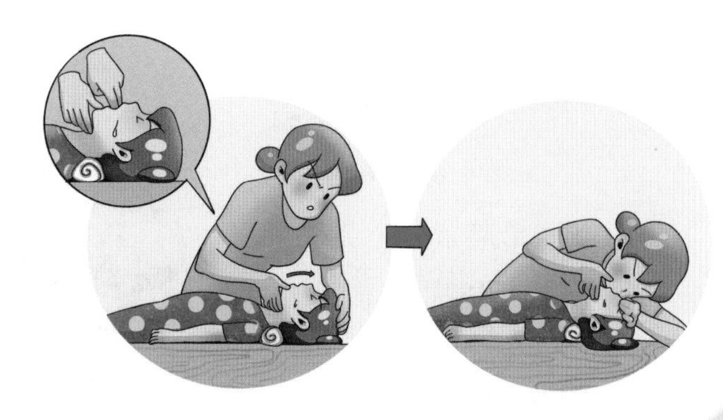

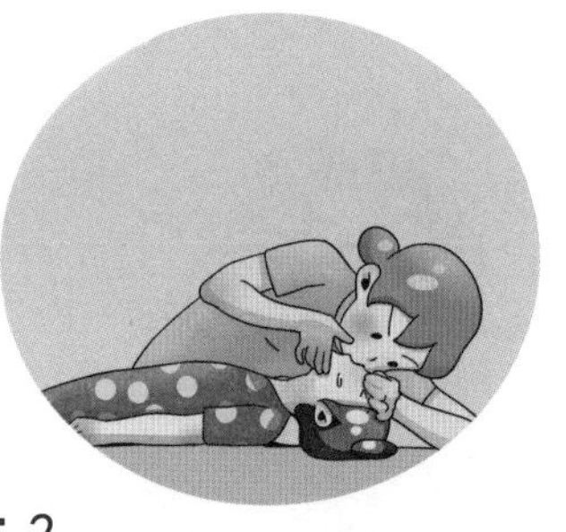

30：2

⑥ 心脏按压与人工呼吸的比例是30 ∶ 2。

⑦ 继续进行胸部按压直至急救人员到来或小儿恢复心搏和自主呼吸。

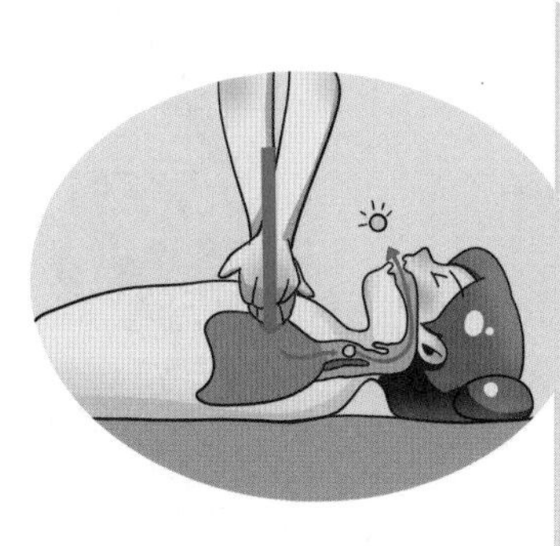

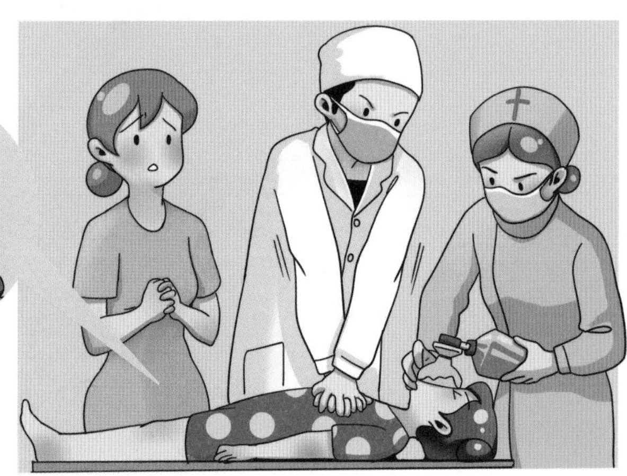

5.异物吸入造成气道异物梗阻时不能做的事情：

① 不可直接用手抠，越抠孩子越紧张，异物越往下去，阻塞更严重。

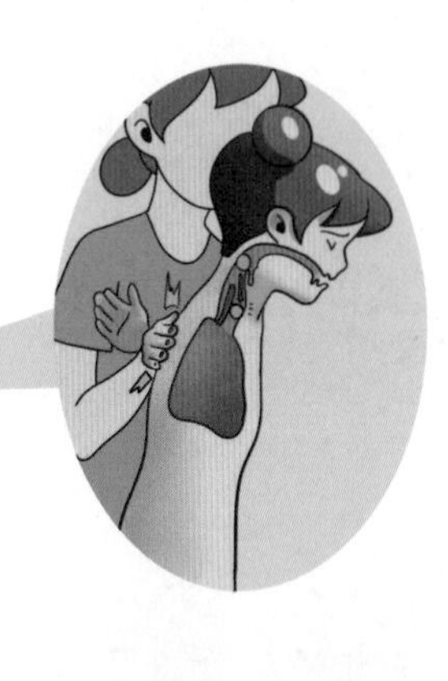

② 不可直接拍背，否则异物进一步往下去，阻塞更严重。

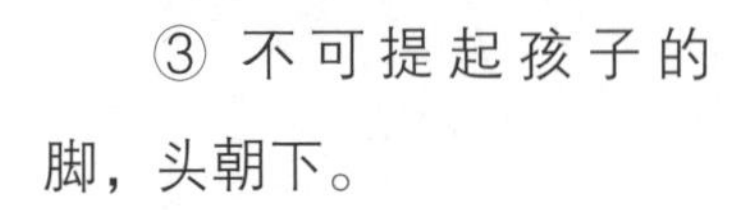

③ 不可提起孩子的脚，头朝下。

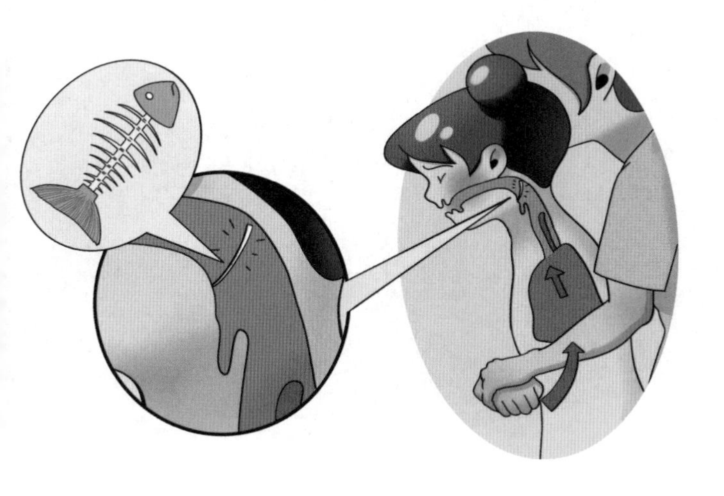

④ 鱼刺卡喉咙不适合采用海姆立克急救方法。

⑤ 不可再给孩子水和食物。

⑥ 不可直接做人工呼吸。

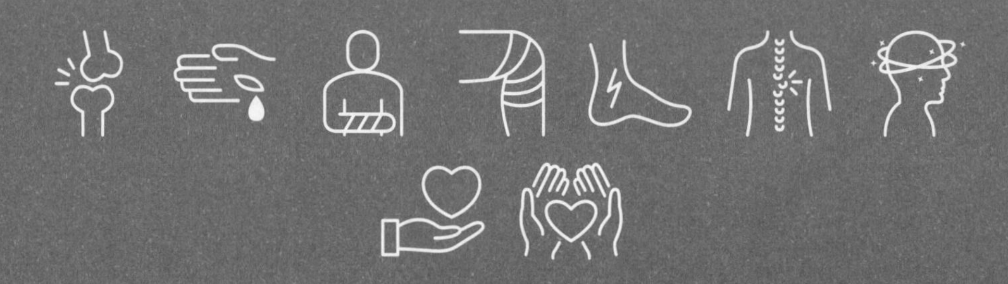

儿童中毒

一、概述

中毒是指机体受到毒物作用而引起器质性或功能性改变后出现的疾病状态。引起儿童中毒的物品较多，常见的中毒物品包括但不限于：农药和家庭药物，其他引起中毒物品还包括蚊香液、消毒剂、老鼠药等。中毒原因以误服误食为主，中毒途径以消化道为主。

二、表现与识别

（一）儿童药物中毒

1.儿童药物中毒以儿童自己误服为主，感冒药、抗精神病药物和降压药是儿童误服的前三大类药物，城市的发生率较高，中毒大多都发生在家中。

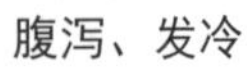
腹泻、发冷

呕吐

头晕

2. 根据药物种类和剂量的不同，儿童可出现不同的表现，轻则呕吐、腹痛、腹泻、四肢发凉、无故哭闹等；重则精神萎靡、嗜睡、昏迷。

精神萎靡

嗜睡

昏迷

（二）儿童农药中毒

农药中毒是我国农村儿童常见的致死、致伤原因。

1. 轻度中毒者有恶心、呕吐、头晕、流涎、多汗、瞳孔缩小、心率减慢、四肢麻木等表现。

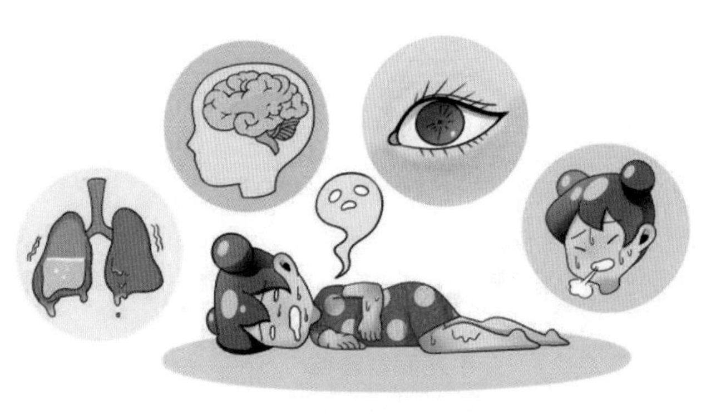

2. 重度中毒者并发呼吸困难、精神萎靡不振、昏迷、抽搐、周身大汗淋漓、皮肤湿冷、瞳孔针尖大，出现肺水肿、脑水肿、呼吸衰竭甚至死亡。

儿童中毒

三、发生前预防

（一）儿童药物中毒预防

1.家长健康宣教

① 用药前，仔细阅读说明书，确认给予正确的药品。不擅自在药店购买药物给儿童服用。

② 不擅自使用成人药给孩子服用，不能把成人药物减量给儿童服用。

③ 用药时，按医嘱或说明书给药，确认服药的正确剂量。不因为孩子病情加重而擅自增加剂量；

④ 不擅自给孩子使用含有同种有效成分的不同药物。

⑤ 使用与药物配套的剂量器，不要使用家用餐具如茶匙或者汤匙来测量剂量。

⑥ 确认服药的间隔时间，按照医嘱或说明书规定的间隔时间给药。

⑦ 确认正确的使用方法，按医嘱或说明书口服或外用等。

口服

外用

⑧ 请祖辈给药时，写下给药剂量和用药时间。

⑨ 用药后，确认药品已安全储存。药品存放要“高而远”，放置药品于儿童伸手摸不到的高处。

⑩ 药品处理确认安全，处理的药品放置到药品回收处。

⑪ 用正确的名字来称呼药品，不将药叫成“糖”来使孩子迷惑。

2.孩子安全教育

① 不可随意吃看起来像糖果的东西。

② 不可以偷吃家里的药物。

③ 陌生叔叔和阿姨给的小糖果不吃。

④ 家长和老师给的食物才可以食用。

（二）儿童农药中毒预防

1. 家长健康宣教

① 农药必须安全存放，在专门的仓库或箱柜里，加锁保管。

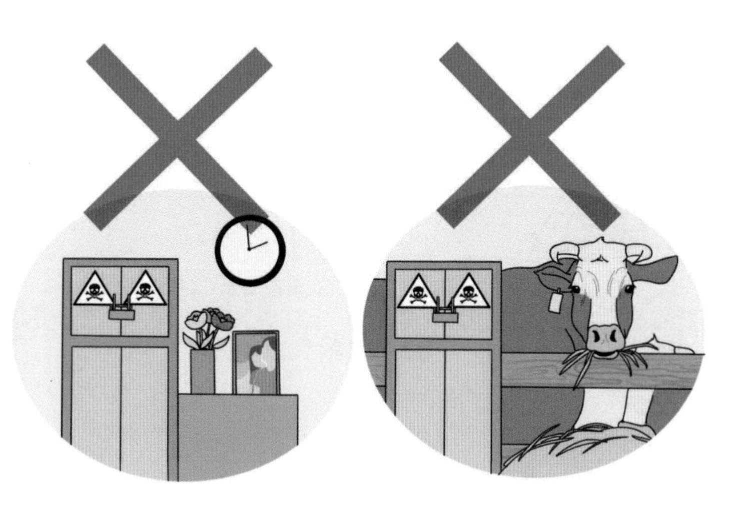

② 农药不可放在居室、禽畜厩舍里。

③ 每个农药容器上都要有明显且醒目的标签。

④ 不可用矿泉水瓶或其他瓶子分装农药。

⑤ 不可用农药的包装袋存放粮食或衣物。

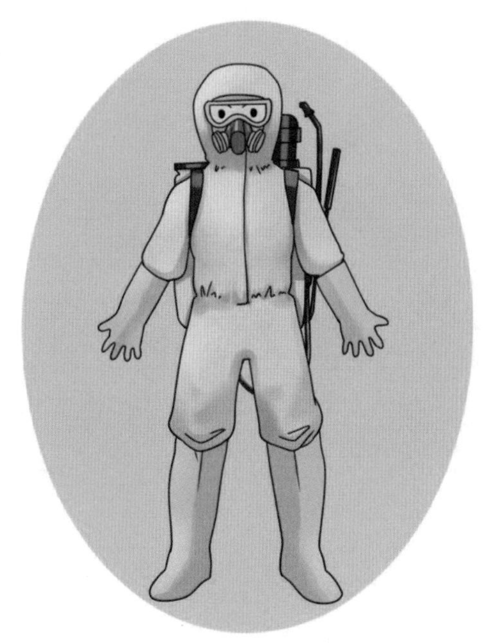

⑥ 正确使用农药，使用农药人员应穿长筒靴、长袖衣裤，戴帽子、口罩和手套。

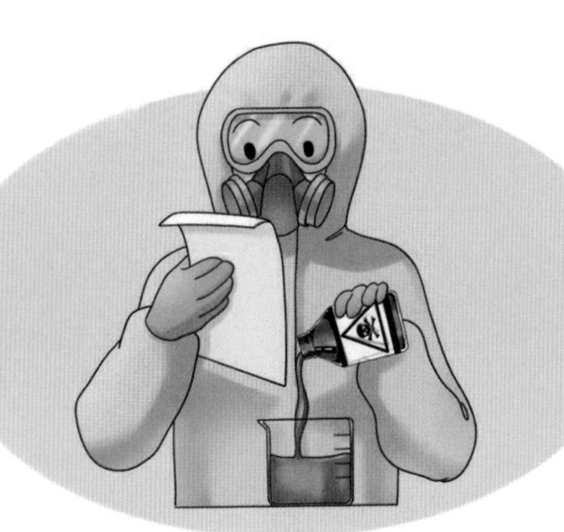

⑦ 使用农药时应认真阅读说明书，不得随意混配或加大用量。

⑧ 不可用手直接拌药，不可用嘴吹农药喷雾器的喷嘴。

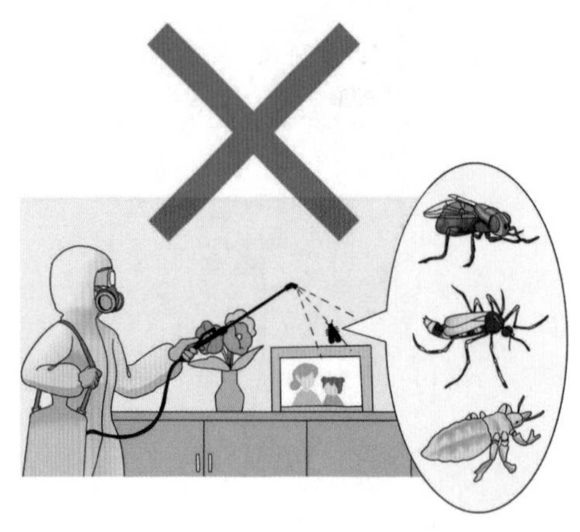

⑨ 不可在室内使用农药灭虱、蚊、蝇等。

⑩ 不可向人体或衣物上喷洒农药。

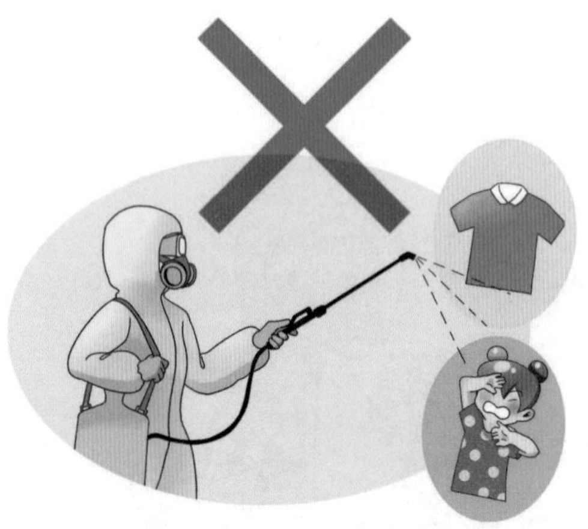

⑪ 喷洒农药后换去衣服，彻底清洗皮肤后才能接触儿童。

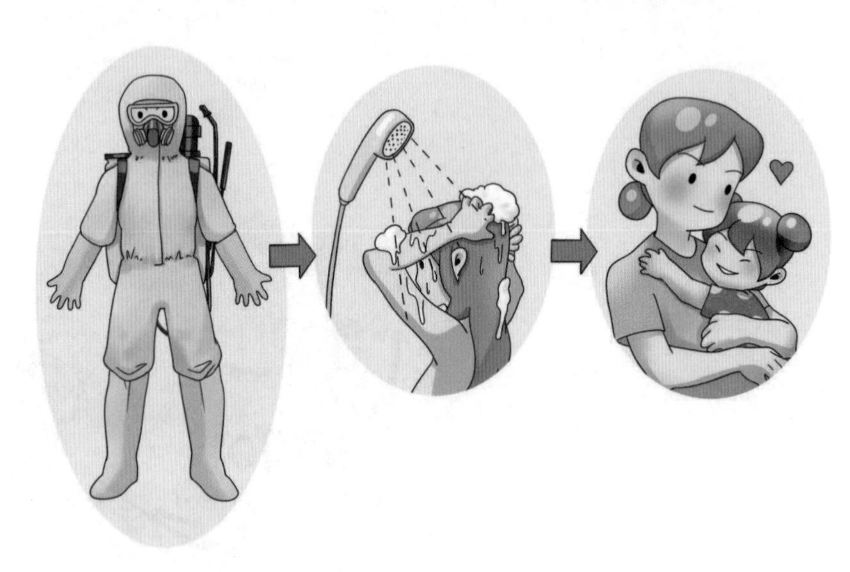

⑫ 在喷洒农药时，绝对不许小儿在附近玩耍，喷过农药的田地和果园必须设立标志，7天内不可进入。

⑬ 正确处理使用后的农药瓶，不可随手丢弃。

⑭ 不可用农药瓶装其他液体。

⑮ 养成良好的饮食卫生习惯，生吃瓜果蔬菜要清洗干净。禁食被农药毒死的牲畜及家禽。

2.儿童安全教育

① 不独自一人去农田、果园或者生长农作物的地方玩耍。

② 不确定是否可以饮用的瓶装水，不可以饮用。

③ 不随意捡地上的瓶瓶罐罐玩耍。

四、发生儿童中毒后处理

（一）儿童药物中毒处理

1. 儿童药物中毒病情严重者，马上拨打120急救电话；病情轻者立即自行前往医院就医。

2. 把确认引起儿童中毒的药物的说明书或包装盒等带至医院，以便医生更好地诊断，儿童得到正确的治疗。

（二）儿童农药中毒处理

1.儿童农药中毒病情严重者，马上拨打120急救电话。在送医院或120急救车到达前，家长可采取一些急救措施，对减轻中毒和挽救生命十分重要。

2.脱离毒物接触。无论何种中毒途径（皮肤吸收、消化道口服、呼吸道吸入），关键救治措施都是尽快离开中毒现场。

3.清除毒物。越早实施越好。如是皮肤接触毒物，应立即脱去污染的衣服，使用大量流动清水反复冲洗不低于10分钟，不可用热水，特别注意毛发及指甲部位。如果毒物溅入眼内，应立即用流动清水反复冲洗。

4. 催吐。口服适量微温清水或淡盐水，然后再促使儿童呕吐，家长可以使用软物或手指探触咽后壁或腭咽弓诱发儿童呕吐。应注意存在意识障碍者、反复抽搐未控制者或有严重心肺疾患的儿童不要进行催吐。

5. 尽快送医院救治。如确认为某种农药中毒时，把确认的农药瓶或包装盒等带至医院。

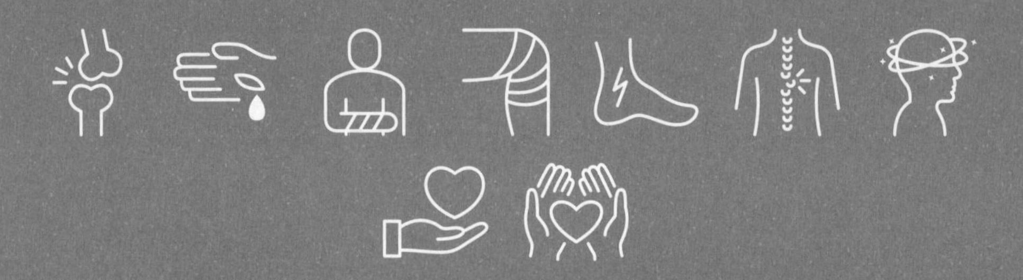

儿童道路交通安全

一、概述

1. 道路交通安全违法行为：指交通参与者违反道路交通安全法律、法规，扰乱道路交通秩序，妨碍道路交通安全和畅通，侵犯公民合法交通权益的行为。

2. 特征：道路交通安全违法行为发生的特点有瞬时性、重复性、连续性以及可预测性、广泛性、充分性。

二、交通安全防范措施

1. 红灯停、绿灯行，黄灯亮了等一等。

2.马路不是游乐场，追逐打闹要不得。

3.安全带/安全座椅，让安全一路相随。

4.安全头盔佩戴好，生命安全得保障。

5.路口等待要注意，大车盲区要远离。

6.开关车门需当心，别让车门变杀手。

7.违法载人"驶"不得，拒绝搭乘超员车。

三、现场处理

（一）处理

如果在道路中间发生交通事故，立即停车，保护现场，设立明显的警示标志，并立即拨打120急救电话及110报警电话。

（二）判断伤员情况

观察是否有大出血或呕吐，并观察神志、呼吸、脉搏。

1.观察神志

可以高声呼叫，轻拍伤员面颊，查看伤员是否有反应。切不可以用力乱拖伤员的身体，也不能将伤员扶起或拉着伤员走动。

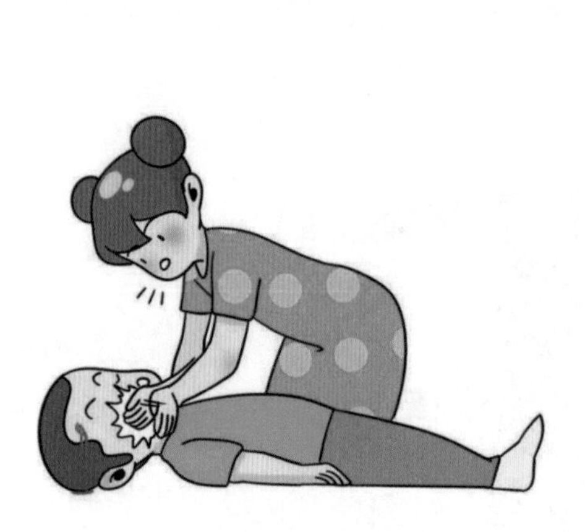

2.判断是否存在呼吸

可以用右耳贴近伤员口鼻，静听伤员呼吸气流通过的声音，用面部感觉伤员呼吸道有无气体流出。同时用两眼观察伤员胸腹部有无起伏，应观察5秒钟左右。如果听不到气流音，感觉不到气体流动，看不到胸廓活动，即为呼吸停止。

3.观察脉搏

应用食指和中指触摸手腕外侧桡动脉搏动，在喉结外侧方的组织凹陷处触摸颈动脉搏动，或在大腿腹侧根部中央触摸股动脉搏动。

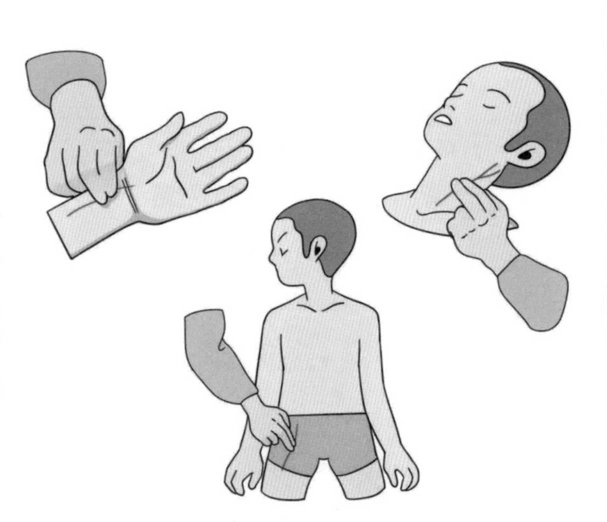

4.观察是否有外伤大出血

如果有大出血，可就地取干净的布条进行包扎止血。

四、现场急救

（一）头部外伤现场急救

1. 应尽快检查头部有无外伤，是否处于危险状态。最重要的是不要随便移动伤者。

2. 如果头受伤后，有血液和脑脊液从鼻、耳流出，就一定要负伤者平卧，患侧向下。如果喉和鼻大量出血，则容易引起呼吸困难，应让受伤者取昏睡体位，以使其呼吸方便。

（二）昏迷现场急救

1. 立即使伤者取侧卧位，清除鼻咽部分泌物或异物，保持呼吸道通畅，防止痰液吸入。

2. 对躁动者应加强防护，防止坠地，并急送医院救治。

（三）胸部外伤现场急救

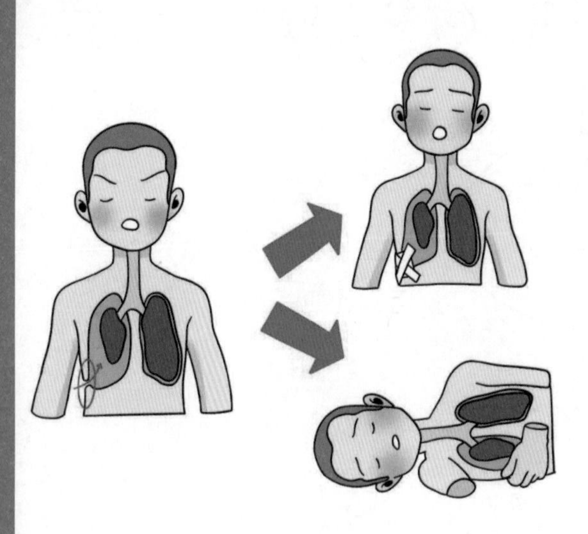

1. 呼吸时胸部伤口有响声（即开放性气胸）者，应立即用铝箔膜或塑料膜密封伤口，再用胶布固定，不让空气进入胸内。一时找不到铝箔膜或塑料膜时，可立即用手捂住，取伤部向下卧位，等待救护车到来。

2. 胸部发生骨折会出现各种各样的情形，如相连的几根肋骨同时骨折，这时要尽快密封伤口，并让受伤者取伤部向下的卧位。

（四）腹部脏器损伤现场急救

出现腹痛、恶心、呕吐，此时应该避免进食、饮水或用止痛剂，速送往医院诊治。

（五）骨折现场急救

对于骨折伤者，单纯的四肢骨折可以就地取材，用硬板等包扎固定；大范围的骨折应用硬板保持身体笔直状态，防止骨折的再损伤；在搬动伤者时使其身体保持水平，不能扭曲，防止拖拉使脊椎受伤，伤势加重。

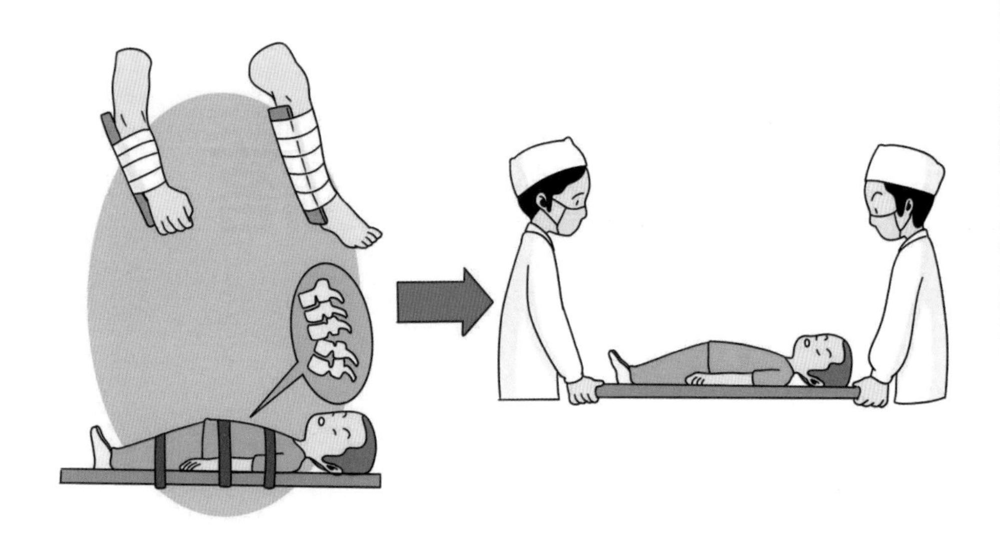

（六）扭伤现场急救

身体某部扭伤后，首要处理是冷敷30分钟左右。最好用冰，也可用冷水代替。

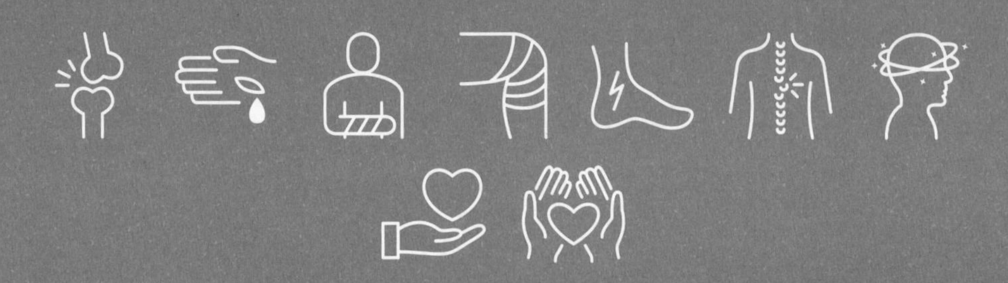

儿童跌倒/坠落

一、什么是跌倒/坠落

跌倒/坠落包含同一平面的滑倒、绊倒和摔倒，也包含从一个平面到另一个平面的跌落，可引发摔伤、跌伤和坠落伤。

二、跌倒伤/坠落伤的表现

跌倒伤/坠落伤的表现与着地高度、着地部位、着地姿势等有关。主要有以下五类：软组织损伤、骨折、头部创伤、胸部创伤、腹部创伤。

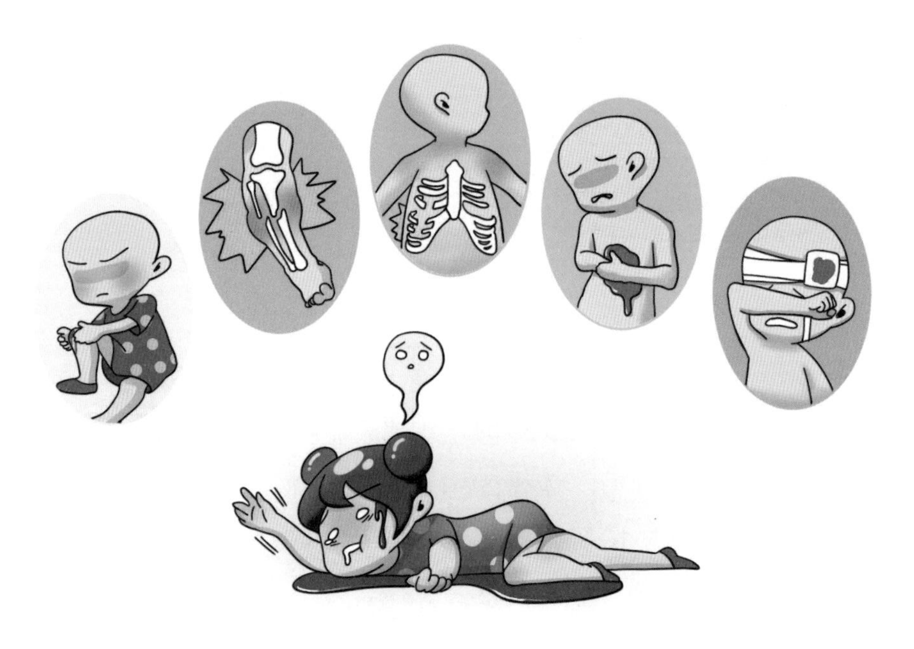

三、儿童跌倒和坠落的预防

（一）改善环境，给孩子营造安全的生活空间

1.保持地面清洁。对孩子经常活动的场地要检查是否安全，如地面是否平整等，及时清洁地面上的油污、积水以及障碍物。

2.防滑垫的使用。在洗手间、洗手盆前和楼梯等处放上防滑垫。

3.加强楼梯防护。在楼梯的顶端及底部安装楼梯门。选择竖向排列、间距不超过10厘米的栏杆，避免使用横向栏杆，以免儿童攀爬。

4.加强玩耍区域防护。加强对儿童玩耍时的监管，可以在儿童玩耍区域的地面铺设木质地板、地毯等。同时对茶几、桌、柜等的边角安装防撞条、防撞角。

5.活动防护措施。在儿童骑车、溜冰时，要准备防护用具如头盔和护膝等。

6.防止孩子从床上坠落。在床的旁边铺上地毯，以防儿童摔落时受伤。睡床最好靠墙壁放置，并在床边安装护栏。

7.防止孩子从窗户坠落。将住宅内所有窗户安装上儿童不能打开的防护装置——护栏，但护栏要有开关，保证遇到紧急情况时可以逃生。

8.椅子、大床、沙发和其他儿童可以爬上去的家具远离窗户和阳台。

9.检查儿童容易跌倒的地方，将其附近的玻璃表面贴上防碎膜，或用抗碎玻璃代替普通玻璃。

10.不要让孩子穿不合脚的鞋子。不要给孩子穿裤腿过长的裤子，以免被过长的裤子绊倒。

（二）加强儿童预防跌倒/坠落安全教育

1.课间休息或放学后不要急于抢行下楼，牢记安全第一。

2.上下楼梯要按规则：靠右、慢行、礼让。做到：遵守秩序、轻声慢步、礼让右行，不能拥挤。

3. 不在走廊、楼梯口进行跑、跳、爬、拉、推、扯、打闹等危险动作。

4. 人多时顺着人流走，切不可逆着人流前进，否则，很容易被人流推倒。

5. 拒绝爬树、翻墙、爬上桌子和窗台等可能发生跌倒的危险行为。

6.系好鞋带，不要穿裤腿过长的裤子，以免被散开的鞋带或过长的裤子绊倒。

7.运动前做好热身运动，不要在没有准备好的情况下去做体育运动。

8.运动前检查运动场地，检查和清除运动场地内的坑、沟或障碍物。

四、儿童跌倒和坠落的处理

（一）就地观察数分钟

孩子摔倒，千万不要马上抱起或者移动孩子，在确保周围环境安全的情况下，一边安抚孩子一边观察5 ~ 10分钟。

（二）严密观察之后的表现

1.若孩子跌倒后保持清醒，反应好，脸色正常，双侧手活动自如、伸缩自如，没有抽搐、面色发青或者苍白、神志不清，表示孩子只有轻微的损伤，不需要上医院，在家严密观察24 ~ 48小时。如果孩子出现以下任一的表现，一定要立即就医，并完善相关的检查。

（1）平时本应清醒的时间，孩子变得格外地嗜睡或者无精打采。摔倒当天孩子在夜里睡着时，有意唤醒孩子但不能把他叫醒（建议孩子摔倒当天，夜间把孩子叫醒1 ~ 2次，以检查孩子的情况）。

（2）孩子出现持续的头痛或者持续的哭闹不安（难以安抚），呕吐超过两次。

（3）孩子的智力、感觉、肌力出现明显的改变，比如四肢无力、行走困难、走路姿势比原来笨拙、口齿不清、看不清东西等。

（4）清醒一段时间后，孩子再次出现意识障碍、抽搐或者呼吸紊乱。

2.若孩子出现意识丧失、神志不清、抽搐、面色发青或者苍白、肢体不能活动、频繁的呕吐、头痛剧烈等，建议立即拨打120联系医生，在医生到达之前需要采取如下措施。

（1）尽可能不要搬动孩子：特别是怀疑有颈部受伤可能的孩子，让孩子保持现有的体位，避免因为搬动而造成更严重的再次损伤。

（2）伤口处理：用白开水、矿泉水或自来水冲洗伤口，然后用干净的纱布、手绢或卫生巾等覆盖伤口。

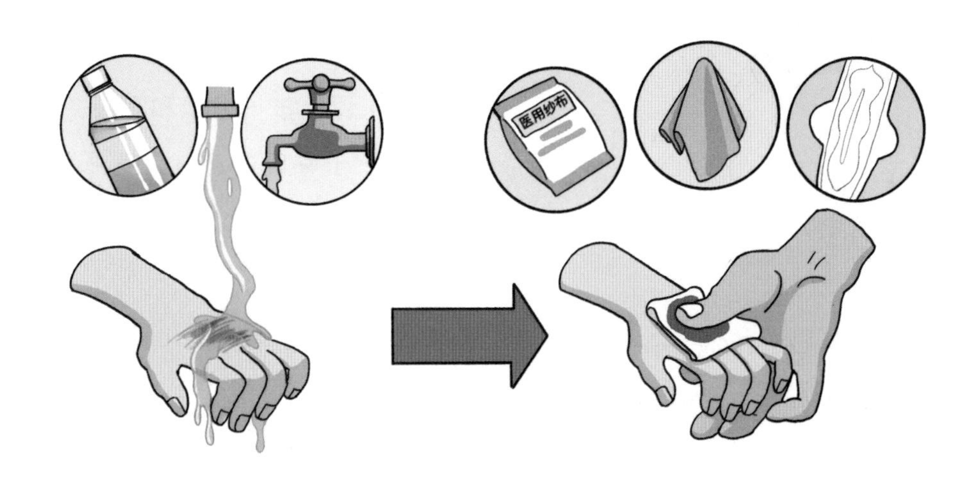

（3）遇有出血要止血的情况：用干净的毛巾或者纱布按压伤口止血。

（4）遇有骨折时要制动，也就是不要抱孩子或随意搬动孩子，以免造成更大的伤害。较好的处置方法是用小夹板固定受伤部位，然后再搬动孩子。

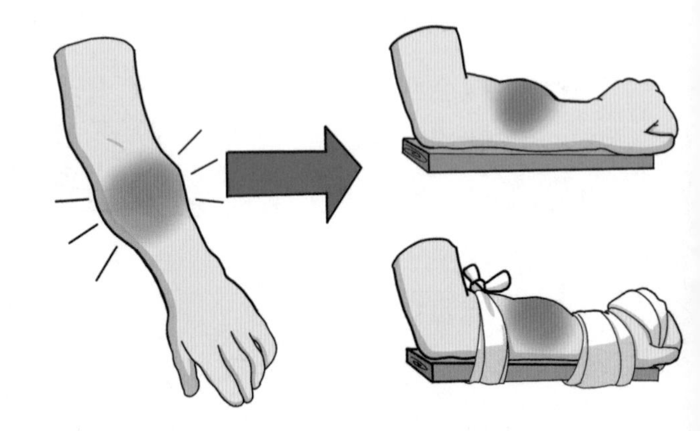

（5）评估孩子意识和呼吸：如果发现孩子呼叫不应，没有呼吸，立即给孩子进行心肺复苏。按照30 ∶ 2的胸外心脏按压：人工呼吸比例对孩子进行抢救，直到孩子恢复呼吸、心跳。

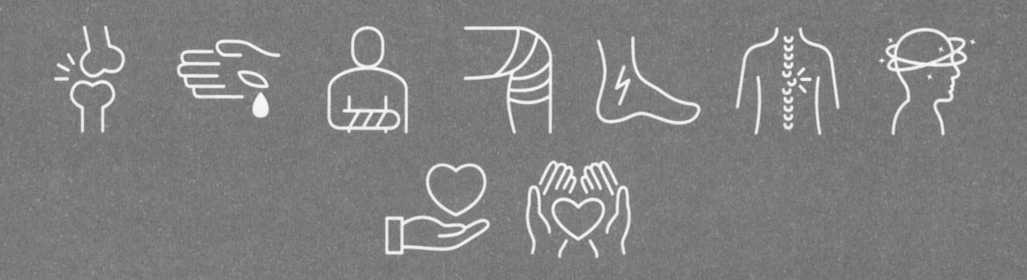

儿童溺水

一、什么是溺水

溺水是人淹没于水或其他液体中，由于液体、污泥、杂草等物堵塞呼吸道和肺泡，或因咽喉、气管发生反射性痉挛，引起窒息和缺氧，肺泡失去通气、换气功能，使机体处于危急状态。溺水是儿童意外伤害的较为常见情况，对家庭和社会产生严重的影响。

儿童溺水事件发生率较高，溺水不仅危及儿童的生命安全，也让很多家庭沉浸在悲痛之中，防范儿童溺水事件的发生意义重大、刻不容缓！

二、溺水的特征

6种迹象辨别溺水者。

1.溺水者的嘴会没入水中，没有时间呼救。

2. 溺水儿童手臂可能前伸，但无法划水或向救援者移动。

3. 溺水者在水中是直立的，挣扎20 ~ 60秒之后下沉。

4. 溺水者眼神呆滞，无法专注或闭上眼睛。

5.看起来不像溺水，只是在发呆，但如果对询问没有反应，就需要立即施出援手。

6.小孩子戏水会发出很多声音，一旦安静无声要警醒。

三、如何防范溺水

增强父母对儿童的监护意识，提高儿童避险防灾、自救自护的能力。特别是节假日，家校合作提前做好儿童的安全教育工作。建议学龄儿童参加正规游泳技能课程培训。

（一）“六不”

1. 不私自下河游泳。

2. 不擅自与他人结伴下河游泳。

3. 不在无家长或教师带领的情况下游泳。

4. 不到无安全设施、无救援人员的水域游泳。

5. 不到不熟悉的水域游泳。

6. 不熟悉水性者不准擅自下水施救。

（二）“两会”

1. 发现险情会相互提醒、劝阻并报告。

2. 会基本的自护、自救方法。

（三）“四了解”

1. 家长要带儿童和青少年去有资质的游泳场馆游泳，了解泳池相关规则，包括游泳场所内深水区、浅水区的位置和深度，以及救生员的位置。

2. 儿童和青少年下水前应充分了解做好热身运动的重要性和必要性。空腹、过饱、剧烈运动后均不应该下水。

3. 儿童和青少年要了解水上安全知识，例如不在水中打闹，不做危险行为（如奔跑和推人下水），若出现身体不适，立即上岸。

4. 家长及儿童、青少年都应该了解紧急救援和心肺复苏相关知识。

识别危险水域：池塘、水库、工地上的积水坑、河沟、深水潭。

（四）家长增强安全意识和监护意识

1. 监管做到“四知道”：

- 知道孩子去哪了；
- 知道孩子做什么；
- 知道孩子和谁一起出去；
- 知道孩子何时回来。

2. 预防孩子溺水，做到“近距离、不分心、不间断”。

① 近距离，即玩水时，家长与孩子的距离在一臂之内。

② 不分心，即看护孩子时要专心，不玩手机、看电视、做家务或做其他事情，要参与其中。

③ 不间断，即孩子用澡盆洗澡时，在水里或水周围玩耍时，家长全程看护，不中途离开。

四、溺水的处理

1.溺水儿童自救

（1）保特冷静：不要因惊慌失措而手脚乱蹬拼命挣扎，这样会使身体下沉更快，迅速引起窒息。

（2）仰头露鼻，双手左右张开，腰部向上挺，身体拉直不要弯，尽可能使口鼻露出水面，有节奏、缓慢地一呼一吸。

（3）深吸浅呼：张嘴吸气要足、呼气要少，尽量保证腹腔空气容量，以利于漂浮。

（4）呼救：大声呼救直至引起旁人注意，也可举起一只手等待救援，在获救过程中千万不要抱紧施救者不放。

（5）保存体力：若无人施救，保持浮在水面的姿势，保存体力。如有可能，等体力恢复后再游回岸边。

（6）勿直立：切勿直立踩水或潜入水中。

2. 解救溺水儿童

（1）碰到有人溺水，第一时间大声呼叫，同时拨打110、120。

（2）会游泳≠会救援，切勿盲目下水救人。

① 由于水环境的物理特征差异很大，比如池塘、湖泊、河流、海洋、急流河水和冰面，未经救援培训的人员不建议水中救援。若溺水者在伸手可及的位置，周围又无法找到可利用的材料，可趴在岸边，抓住固定物，伸手拉住溺水者，否则最好不要直接用手牵拉救援。

② 若溺水者离岸边较远，可以在安全地点向溺水者伸出树枝，或扔绳子、浮标、衣服或其他任何漂浮物，然后让溺水者抓住，将其拉出水面。

③ 接受过正式水上救援培训的人员下水前脱掉多余的衣物，从背部接近溺水者，用手托其腋下，让溺水者口鼻露出水面，将其拉回岸边。

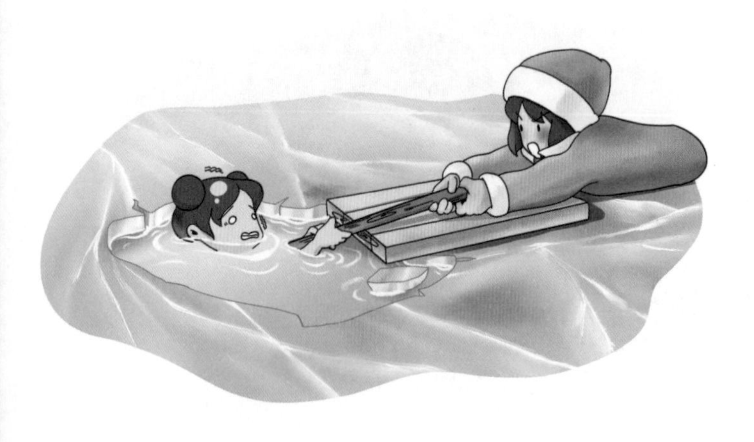

④ 在薄冰面，救援人员应趴在冰面上，用绳索或木棍让溺水者抓住，并在冰洞旁铺上木板，再将溺水者拉上来。

⑤ 记住：岸上救生优于水中救生，工具救生优于徒手救生，团队救生优于个人救生。

3. 岸边救治

（1）若溺水者意识清醒，有呼吸、心跳，做好保暖（尽快脱去其衣服，用干毛毯或棉被包裹保暖）和陪伴，等待医护人员到来或送医院观察。

（2）若溺水者意识不清，有呼吸、心跳，应将其稳定侧卧，清除口鼻异物，监测呼吸和心跳情况。

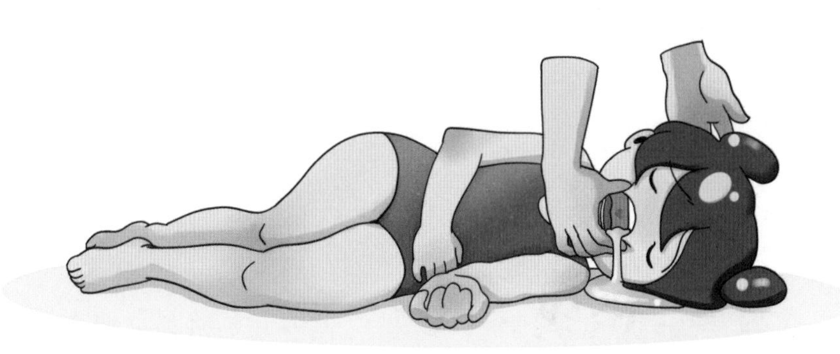

（3）若溺水者已无意识，无呼吸、心跳，进行岸边早期心肺复苏。由于溺水时首先危及气道，所以，对于溺水患儿推荐的早期复苏步骤是A–B–C，即气道–呼吸–循环。一旦溺水儿童从水中被救出，立即开始复苏救治。

① 救援人员应快速清理溺水者口鼻内的泥沙、杂物或呕吐物，使其气道通畅，随即将溺水者置于仰卧位，进行生命体征评估。

② 如果溺水者无意识，应及时开放气道，观察其有无自主呼吸，如果没有呼吸，则先进行5次人工呼吸，并检查颈动脉搏动。

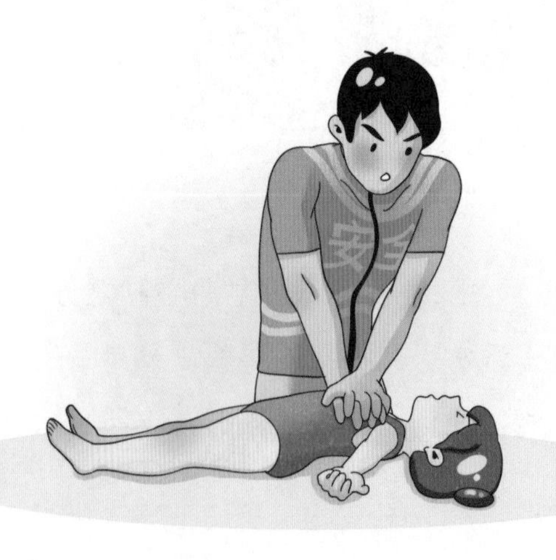

③ 如果无脉搏，且溺水时间 < 1小时，无明显死亡证据，则开始心肺复苏。按压与人工呼吸次数比为30 ：2，按压频率为100 ~ 120次/分钟。

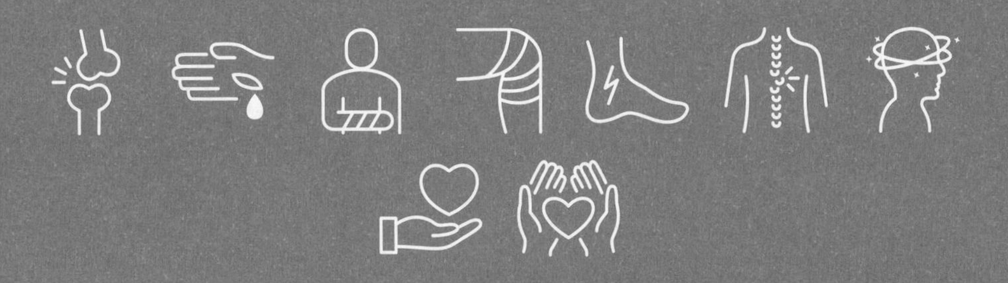

儿童烧烫伤

一、烧烫伤概述

1.烧烫伤定义：普通烧伤也被称为热力烧伤或热烧伤，是指高温物质对人造成的伤害。超过45℃的热源即可引起皮肤烧伤。高温物质包括火、热气、热的液体和固体等，这是我们生活中较常发生的烧伤。由热的液体导致的烧伤称为烫伤。

2.特殊烧伤：烧伤往往不是由温度差异造成，它分为两类：① 化学烧伤，指化学物质如酸、碱、磷及化学武器对人造成的伤害；② 电烧伤，指电流通过人体时高电阻造成的局部皮肤灼伤。

二、临床表现

伤者有致伤原因，如被火烧、水烫或皮肤沾染了腐蚀性物质等。根据烧伤的性质、程度和部位，伤者可有局部疼痛，皮肤红肿、水疱、破损等。重症患者可有伤处皮肤炭化形成焦痂，并可有呼吸困难、休克及昏迷等。

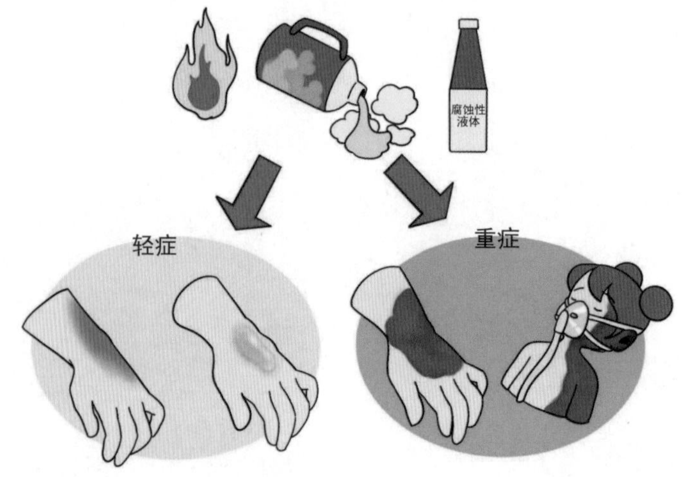

三、预防

1.不要让小孩随意玩打火机、点明火、点燃气灶等，减少误燃风险。

2.屋内电源插座及开关应置于高处，不要让小孩接触或摆弄。

3.与热源保持安全距离，热水瓶、热粥和热汤锅、饮水机等应放置在小孩不宜碰撞、接触的稳妥地方。

4.洗澡时，应先放冷水再加热水，热水器调节好水温后方可让小孩进入。

四、处理

牢记五字口诀：
冲、脱、泡、盖、送。

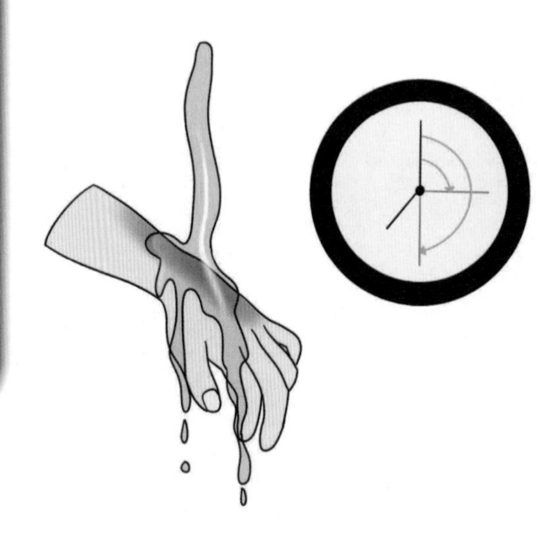

1.冲：用缓慢流动的凉水冲洗伤处15 ～ 30分钟。

2.脱：轻柔地脱去衣物，若皮肤破损或与衣物粘连，切忌撕扯，用剪刀剪去衣物，保留粘连部分。

3.泡：将伤处泡在凉水中15 ~ 30分钟。

4.盖：在伤处盖上一层干净纱布，避免接触细菌。

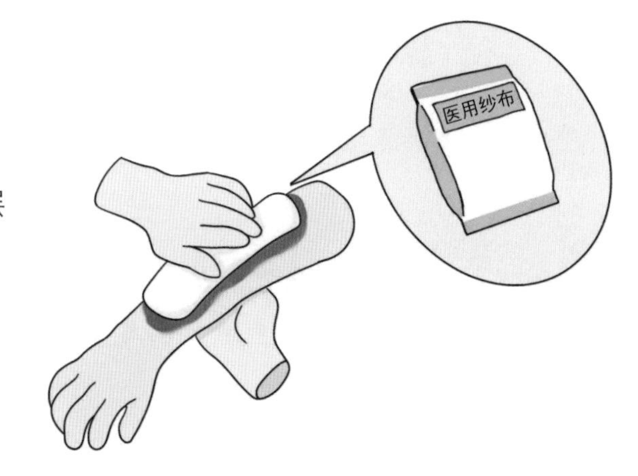

5.送：将伤者送到专业医院，接受进一步治疗。

若伤处面积较大或位于头面部、颈部、胸腹部、生殖部位等重要或脆弱部位，请立即送医救治，以免日后留下永久伤害。

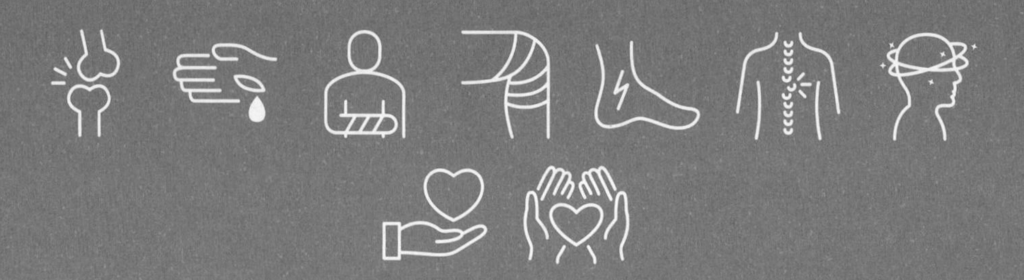

成人创伤

一、挫伤

1. 什么是挫伤?

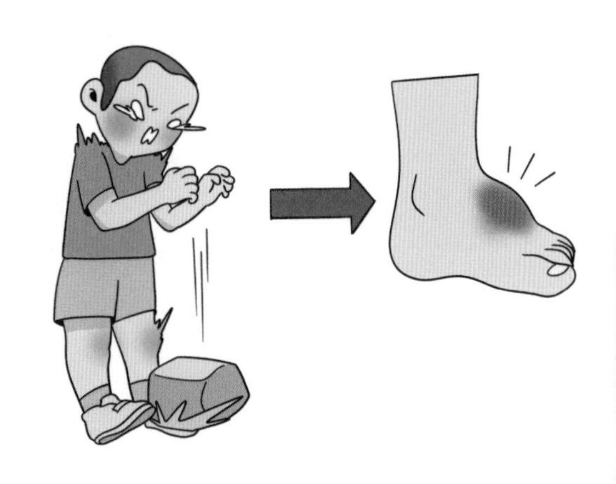

挫伤是指由钝器作用造成以皮内或（和）皮下及软组织出血为主要改变的闭合性损伤。

通常皮下组织较致密处出血量较少；如果皮下组织疏松部位出血量较多，血液积聚于局部组织内会形成皮下血肿。

2. 挫伤的表现

（1）疼痛：与暴力的性质和程度、受伤部位神经的分布及炎症反应的强弱有关。

（2）肿胀：因局部软组织内出血或（和）炎性反应渗出所致。

（3）功能障碍：引起肢体功能或活动的障碍。

（4）伤口或创面：据损伤的暴力性质和程度可以有不同深度的伤口或皮肤擦伤等。

3. 如何防范挫伤?

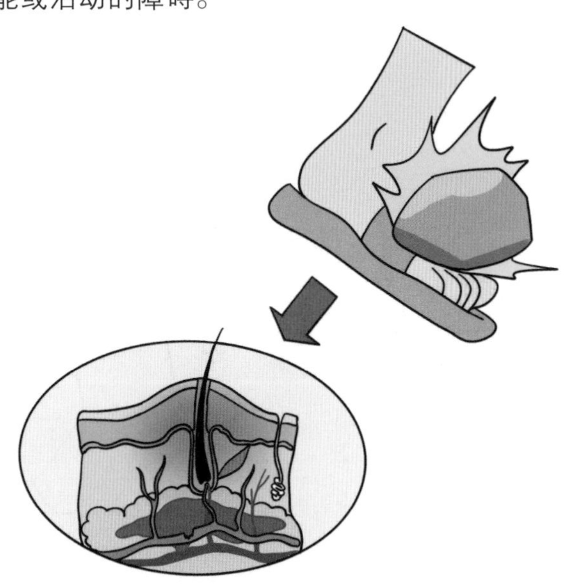

挫伤是最常见的闭合伤，日常生活中要尽量避免钝性暴力，如砖头、石块、拳头、球类、桌椅等的撞击或其他重物打击，引起皮下软组织损伤。

4.受伤后的处理

（1）轻微挫伤只需局部制动、休息、抬高患肢，很快可消肿、愈合。

（2）重度挫伤需局部制动、休息、抬高患肢外，局部可外敷消肿镇痛药物，每日更换，口服舒筋活血药物，必要时就医，遵医嘱使用预防性抗菌药或解热镇痛抗炎药，同时谨防休克和肾功能改变。

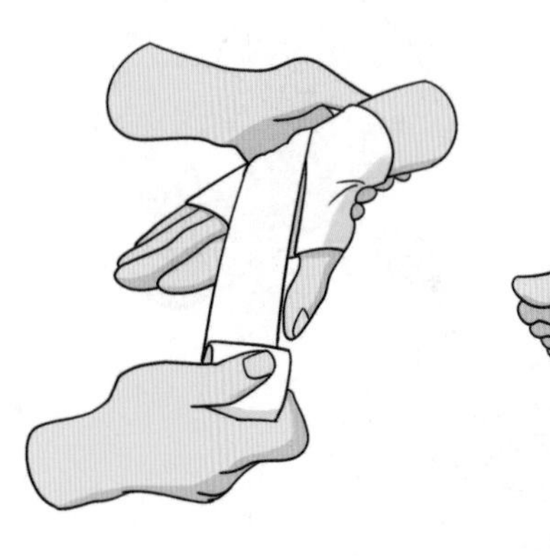

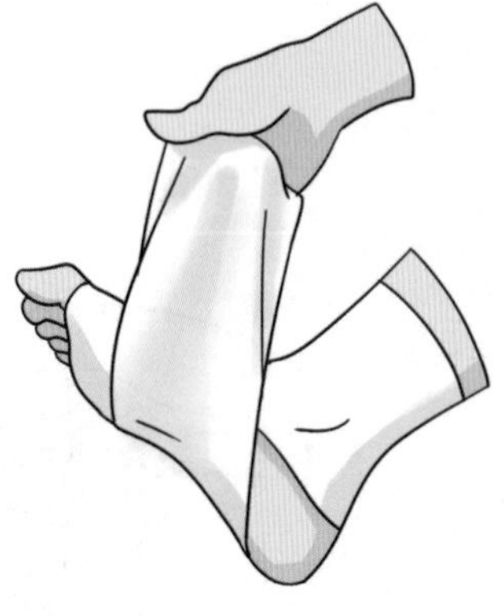

（3）早期敷药方法对软组织挫伤有很好疗效，受伤部位在敷药后能即时消肿镇痛，敷药时利用绷带固定，不仅能保持关节于受伤韧带松弛的位置，暂时限制肢体活动，还有利于损伤韧带的修复，缩短治疗时间。

二、扭伤

1.什么是扭伤?

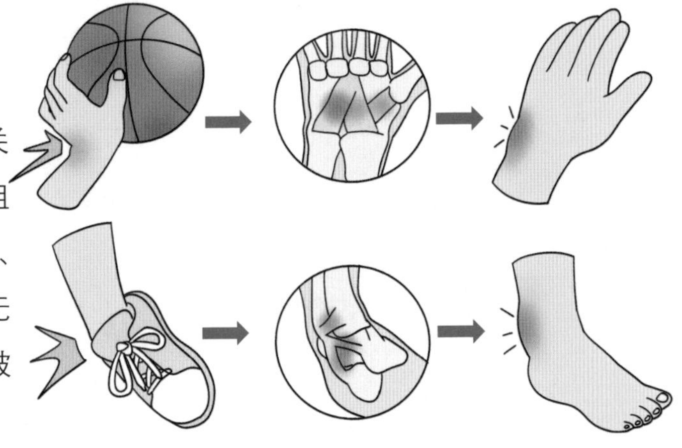

扭伤是指四肢关节或躯体部位的软组织（如肌肉、肌腱、韧带等）损伤，无骨折、脱臼、皮肉破损等。

2.扭伤的表现

损伤部位疼痛、肿胀和关节活动受限，多发于腰、踝、膝、肩、腕、肘、髋等部位。

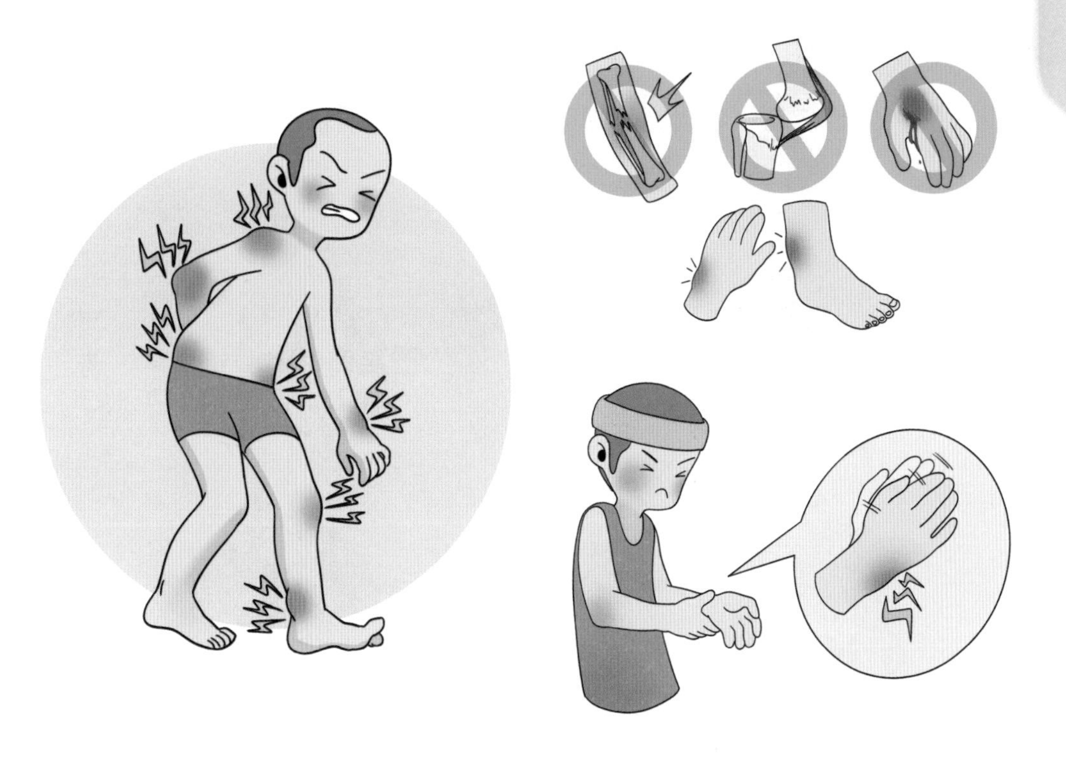

成人创伤

3.如何预防扭伤？

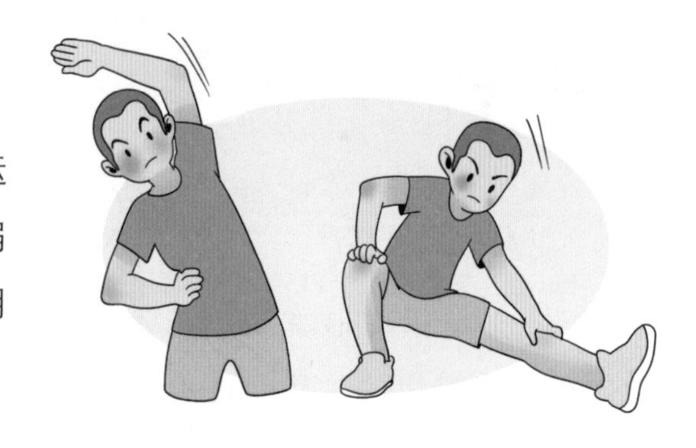

扭伤在运动中较为常见。运动前做好热身运动，对自己脆弱的关节或部位予以保护，如使用护腕、护膝等护具。

4.受伤后的处理

（1）发生运动伤害时，处理的原则有五项：保护（P）、休息（R）、冰敷（I）、压迫（C）、抬高（E）。

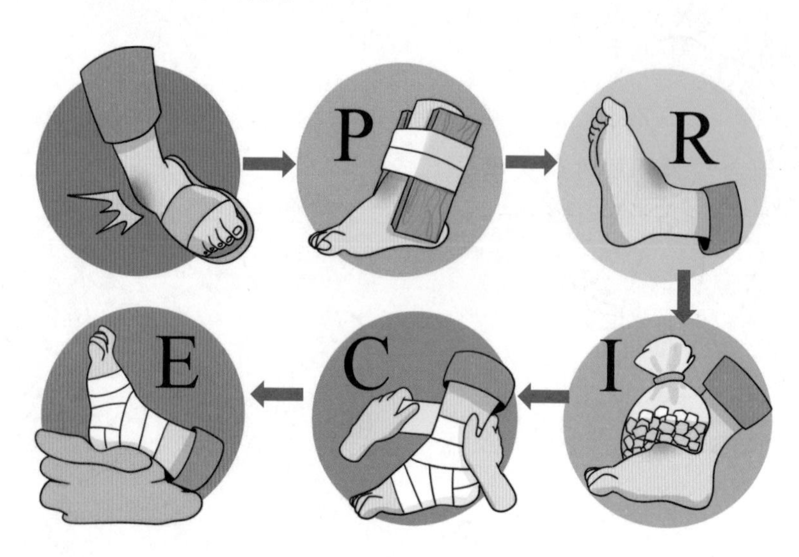

（2）严重的肌肉拉伤（断裂）、韧带扭伤（断裂），需由专科医师手术治疗。根据扭伤的程度，轻者一般都选择保守治疗，如果影响到关节，给予石膏固定，早期冰敷，后期给予活血化瘀治疗；如果是影响到肌腱、关节囊或者是开放性的扭伤，需对损伤的组织进行修补，则进行手术治疗。

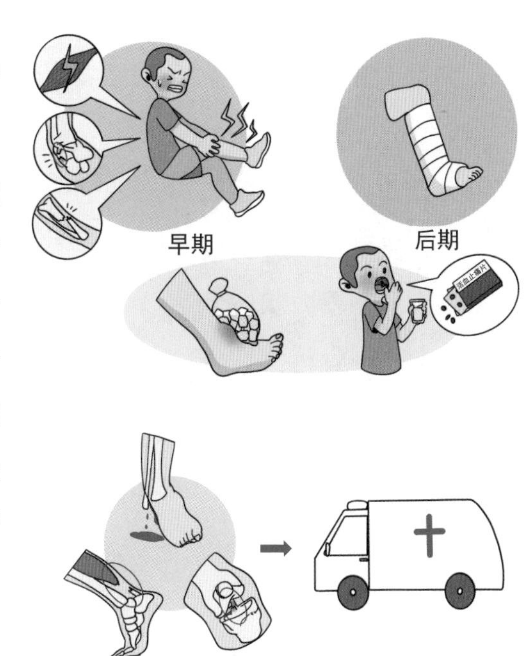

三、骨折

（一）什么是骨折？

骨折是指骨或软骨组织遭受暴力作用时，发生的骨组织、软骨组织的完整性、连续性部分或全部中断或丧失。骨折通常分为闭合性和开放性两大类。闭合性骨折指皮肤软组织相对完整，骨折端尚未和外界连通；开放性骨折则是指骨折处有伤口，骨折端已与外界连通。全身各个部位都可发生骨折，其中最常见的是四肢骨折。

青年人骨折常由外伤造成。老年人由于身体中钙流失严重，出现骨质疏松，骨密度降低、骨皮质变薄，在轻微暴力状态下就可能会出现骨折，称为骨质疏松性骨折。30岁以上骨密度开始下降，发生骨质疏松的可能性开始增加。

（二）识别和特征

1. 全身表现

① 休克：对于多发性骨折、骨盆骨折、股骨骨折、脊柱骨折及严重的开放性骨折，伤者常因广泛的软组织损伤、大量出血、剧烈疼痛或并发内脏损伤等而引起休克。

② 发热：骨折处有大量内出血，血肿吸收时，体温略有升高。

2.局部表现（骨折的专有体征）

① 畸形：骨折断移位，可使患肢外形发生改变，主要表现为缩短。

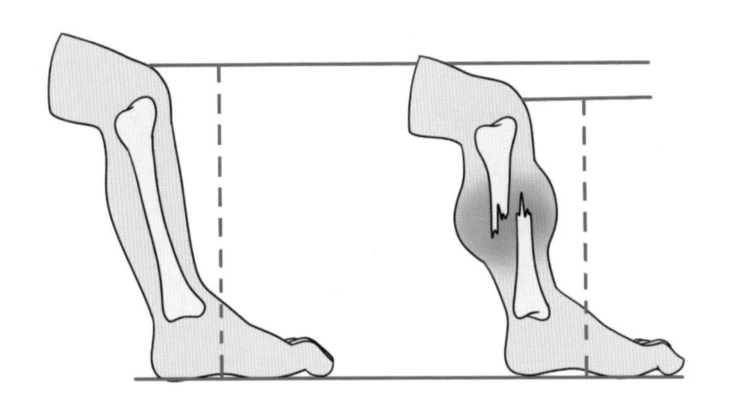

② 异常活动：正常情况下肢体不能活动的部位，骨折后出现不正常的活动。

③ 骨擦音或骨擦感：骨折后，两骨折端相互摩擦时可产生骨擦音或骨擦感。

以上三种体征只要发现其中之一，即可确诊，但未见此三种体征者，也不能排除骨折的可能，如嵌插骨折、裂缝骨折。

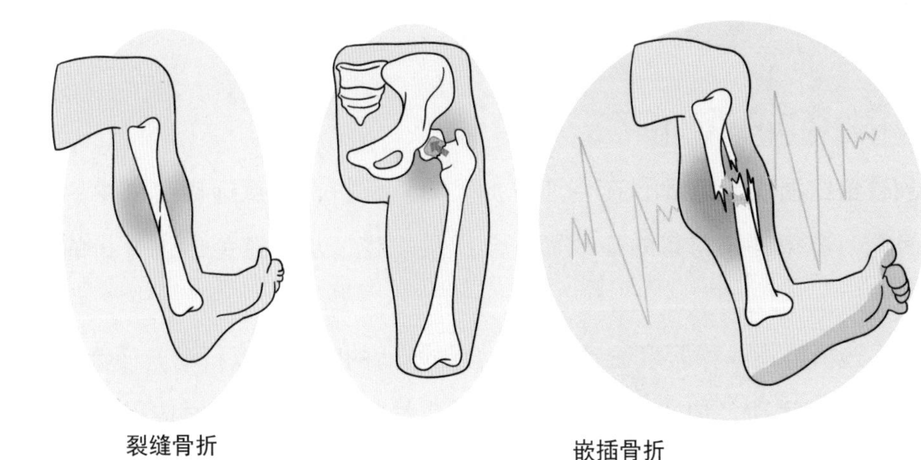

裂缝骨折　　嵌插骨折

3. 骨折的一般表现

① 受伤部位疼痛；

② 骨折处明显肿胀；

③ 活动受限（功能障碍）。

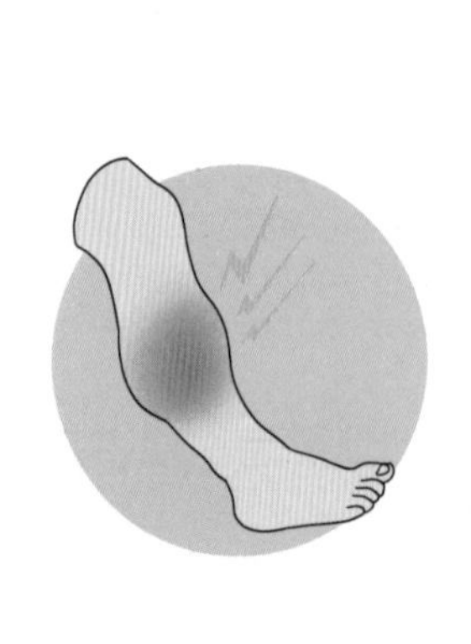

（三）预防

1. 外伤性骨折的预防

（1）增强安全意识。在生活中加强自我保护，注意远离生活中的危险因素，避免外伤与意外事故等安全问题发生，从而避免出现骨折的情况，比如：

● 选择舒适、松紧度适宜衣服，合脚防滑的鞋子，以行动方便为主。

● 平时活动多加注意，上下楼梯时应扶好扶手，拖地时应保持重心前倾等。在湿滑、黑暗、有障碍物的地面行走时，避免摔倒。

● 外出时尽量选择适合自己的交通出行工具，错开交通高峰期，若有伴则最好结伴出行，上街时尽量不骑自行车，远离人流拥挤的场所；开车、骑车时小心谨慎，防止意外事故发生，特别是出租车司机、驾校教练和学员；外出游玩（尤其爬山、攀岩时）做好安全措施。

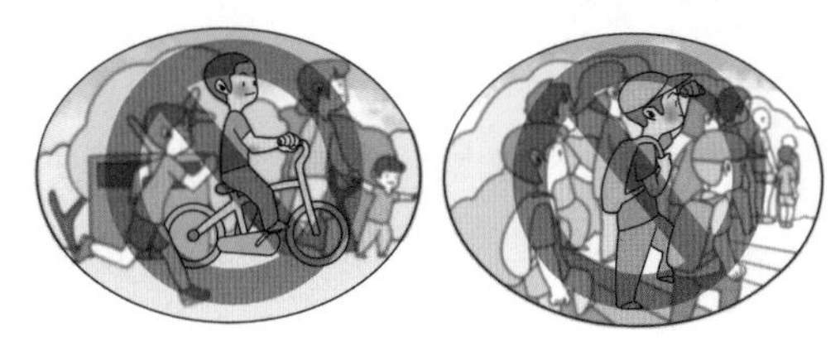

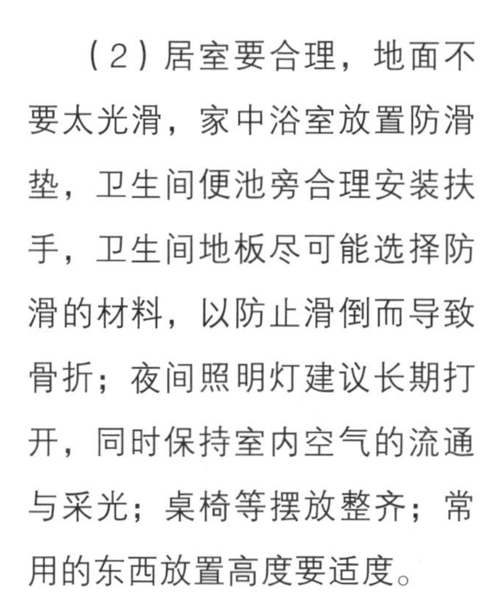

（2）居室要合理，地面不要太光滑，家中浴室放置防滑垫，卫生间便池旁合理安装扶手，卫生间地板尽可能选择防滑的材料，以防止滑倒而导致骨折；夜间照明灯建议长期打开，同时保持室内空气的流通与采光；桌椅等摆放整齐；常用的东西放置高度要适度。

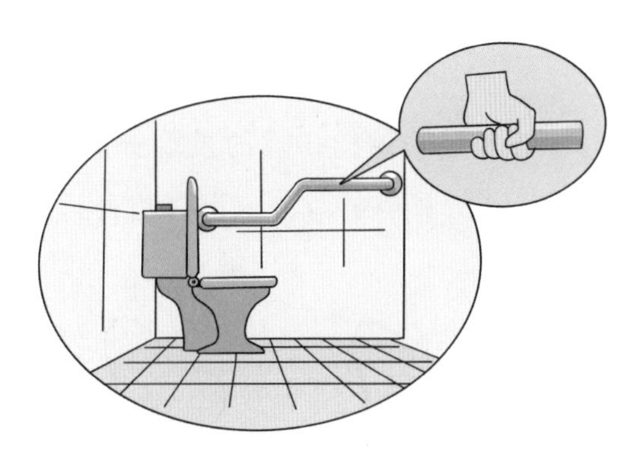

（3）青壮年人群中，有一部分工作者在骨骼应力集中的部位，局部长期受反复的轻微损伤后易造成疲劳性骨折，如体力劳动者、军人、运动员、舞蹈演员等。所以在工作当中要把握强度，避免过度疲劳，以致出现疲劳性骨折。

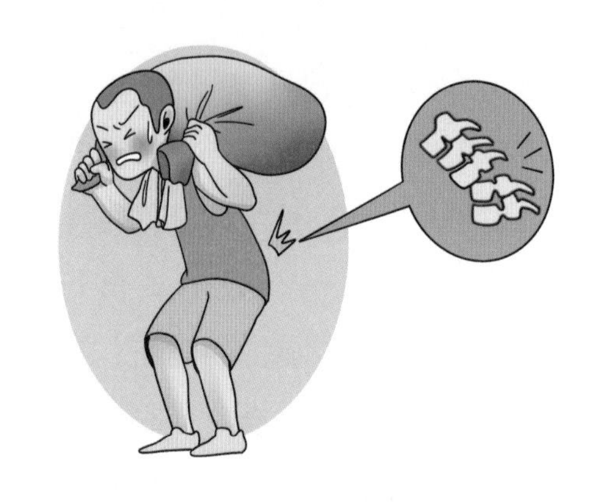

（4）锻炼健身，养成坚持锻炼的好习惯，增强身体的协调性与平衡能力，增强肌肉的力量和骨骼的韧性，对预防意外而发生的骨折有很大意义（参见骨质疏松性骨折预防）。

（5）定期体检，及时发现一些可引起骨折的疾病，如骨质疏松、骨结核、多发性骨髓瘤、恶性肿瘤骨转移等，易造成病理性骨折的出现。

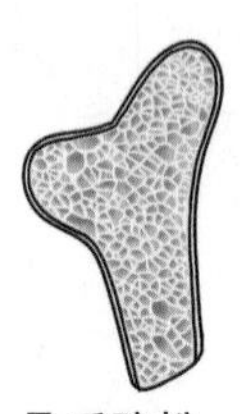

骨质疏松

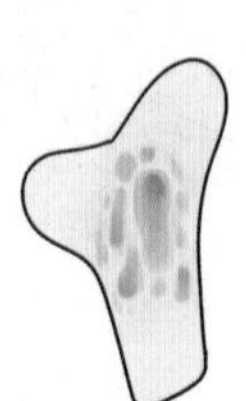

骨结核

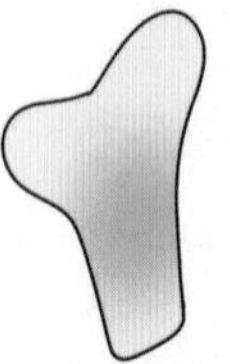

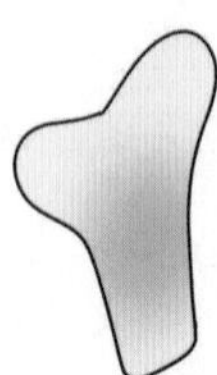

多发性骨髓瘤

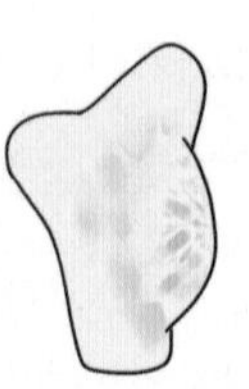

恶性肿瘤骨转移

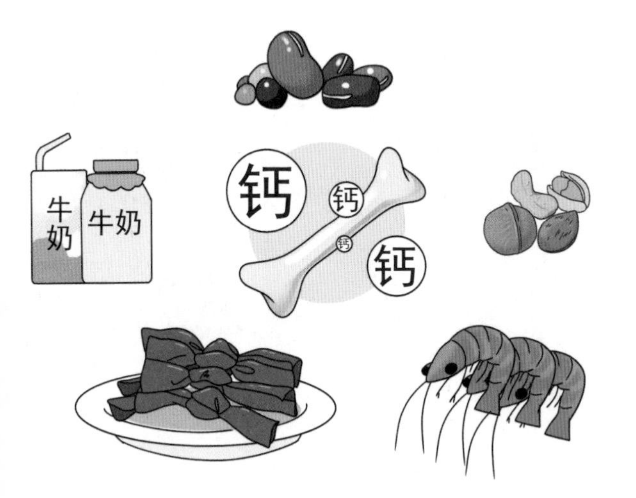

2.骨质疏松性骨折的预防

（1）饮食

① 吃富含钙的食品，牛奶、豆制品、坚果、海带和虾皮等海产品等。

② 吃含维生素D（D_3）的食品，鱼肝油、黄油、蛋黄、肝脏等。

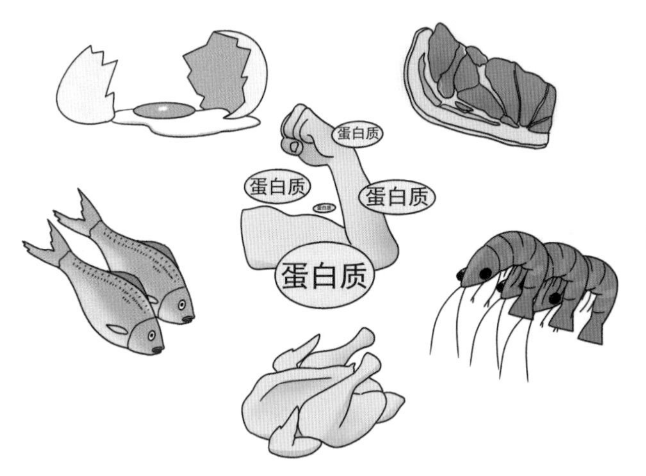

③ 补充蛋白质，蛋、肉、鱼、虾、鸡等。

④ 戒烟、少喝咖啡、少饮酒；喝清茶，不喝浓茶。

（2）日常生活预防

① 多晒太阳，经常沐浴阳光可促进人体内维生素D的合成，有助于钙的吸收，能有效地维持身体内钙磷的代谢，增强骨骼的承受能力，但是不要隔着玻璃晒太阳。

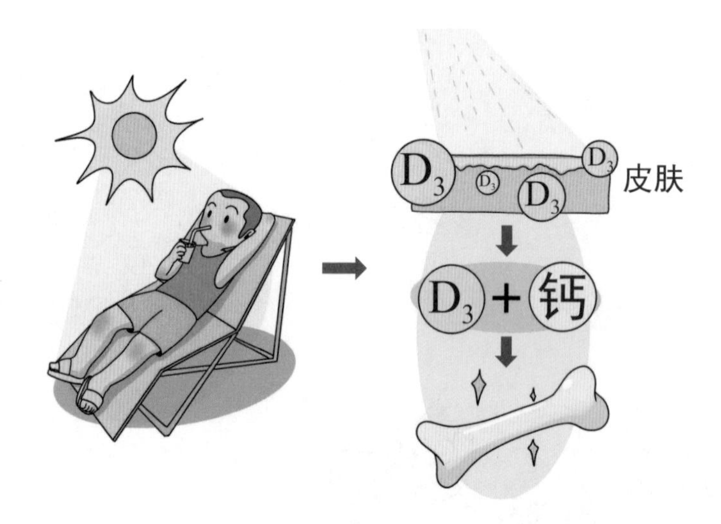

② 体育锻炼可减少骨丢失，在平时生活中要坚持进行适合自己的锻炼，因一些剧烈运动也可能会导致骨折，所以尽量选择有氧运动或功能性体育活动，每日坚持慢走、慢跑、体操、跳舞等，防止骨质疏松，减少骨折概率，也不要过量运动（心率+年龄=170，20 ~ 30分钟/次，2次/周）。

（3）合理钙营养在骨质疏松防治中的作用

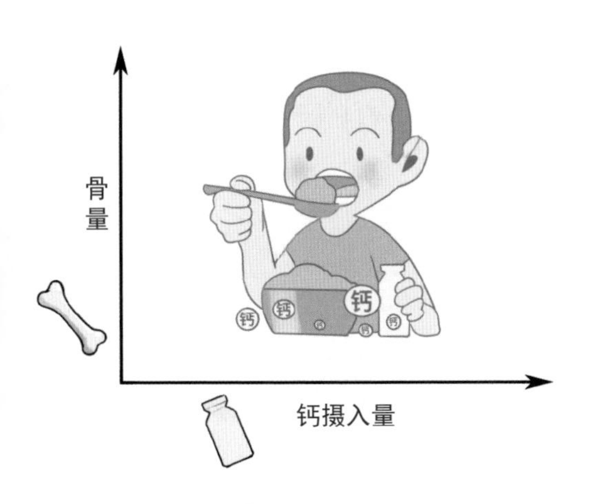

钙是人体必需的矿物质元素，而人体又不能自身合成，只能从外界摄取，合理的钙摄入有助于骨骼健康，年轻时足够的骨量储备是预防骨质疏松的关键，如身体内钙摄入不足，就会影响到骨骼的承受能力，很容易在受到外力袭击的时候出现骨折。成人补钙的原则和方法如下。

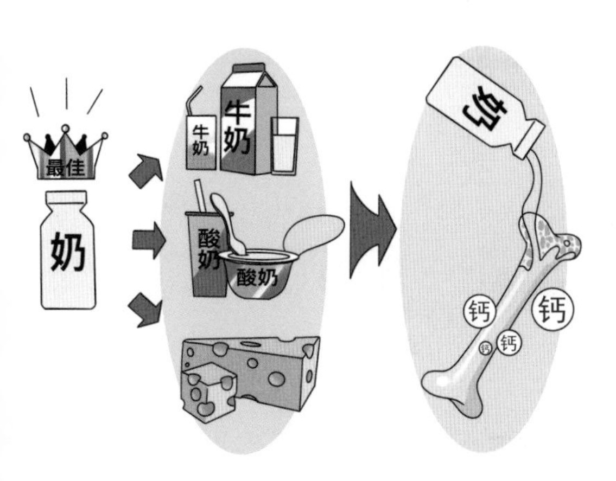

① 基本原则是以食物补钙为主：天然食物中钙的最佳来源是奶类，包括牛奶、酸奶、奶酪等各种奶制品。牛奶不仅含钙高且容易被吸收。年轻时每天喝1杯牛奶，老年后患骨质疏松及骨折的危险减小，终生足够的牛奶摄入是保证终生足够钙摄入，进而预防骨质疏松的重要膳食措施。

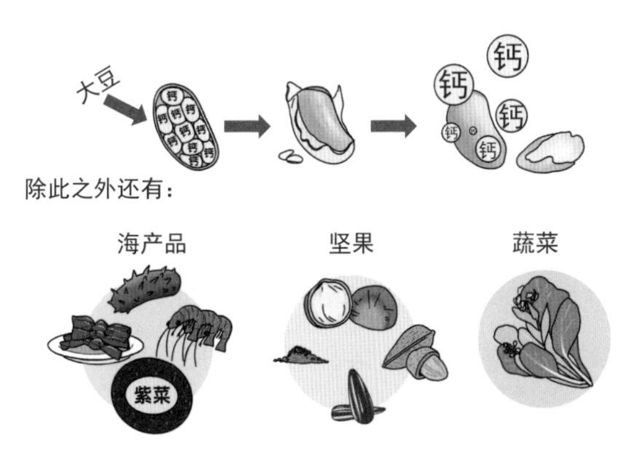

② 豆类，尤其是大豆制品，含钙较丰富，但其表皮中含有较高的植酸，会妨碍钙质的吸收，而去皮后食用，钙吸收率可大大增加。其他含钙高的食品有海产品中的海参、虾皮、海带、紫菜等；坚果类如芝麻、杏仁、榛子、瓜子等，以及绿色蔬菜如油菜等。

③ 钙剂和维生素D是防治骨质疏松症的基本药物，需遵医嘱服用。一般分次饭后服比一次空腹服有效，补钙量应根据食入量决定，可与食物同服，以减少对胃的刺激。睡前补钙可保持血钙在正常水平，防止骨钙丢失。钙的吸收需要维生素D的帮助。使用维生素D时，应食用足量的钙元素。但应注意避免补充过量维生素D，以免造成高钙血症，促进成骨的吸收。

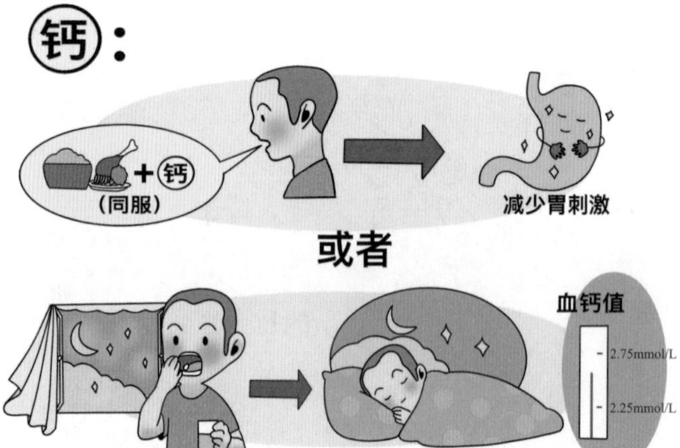

④ 钙剂的合理补充：对于高危人群，如长期低钙膳食者，患有腰痛者，有骨折家族史者，长期卧床者，室内办公者，卵巢、子宫、胃或小肠切除者，长期服用皮质激素类药物、抗癫痫药、肝素者，长期嗜烟者，酗酒者，以及患有某些疾病（类风湿性关节炎、甲亢、肝病、肾病、糖尿病等）者，应及时做骨密度检查，及早采取防治对策，在改进膳食基础上遵医嘱额外补充钙剂。

高危人群:

及时做骨密度检查

改进膳食

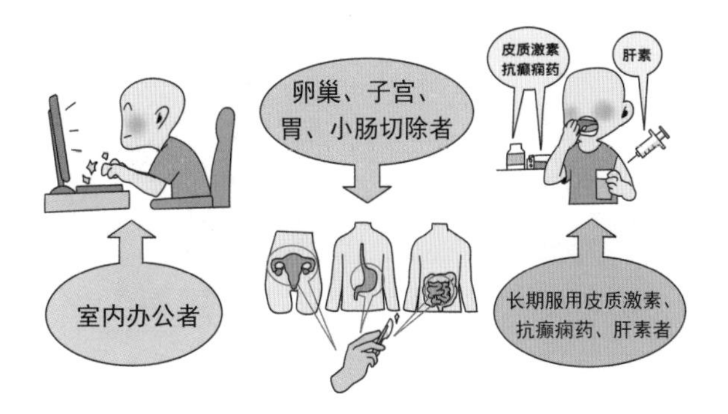

（四）骨折后如何处理

一旦怀疑有骨折，应尽量减少患处的活动。骨折后急救的4个原则如下。

1. 抢救生命

严重创伤现场急救的首要原则是抢救生命，如遇以下有生命危险的骨折伤者，应立即拨打120，速运往医院救治。如发现伤员心跳、呼吸已经停止或濒于停止，应立即进行胸外心脏按压和人工呼吸；昏迷伤者应保持其呼吸道通畅，及时清除其口咽部异物；开放性骨折伤口处若有大量出血，立即加压包扎止血。

2. 伤口处理

① 开放性伤口首先应及时恰当地止血，用消毒纱布压迫止血，伤口表面的异物要取掉，外露的骨折端切勿推入伤口，以免污染深层组织。再用消毒纱布或干净布包扎伤口，以防伤口继续被污染。有条件者最好用高锰酸钾等消毒液冲洗伤口后再包扎、固定。

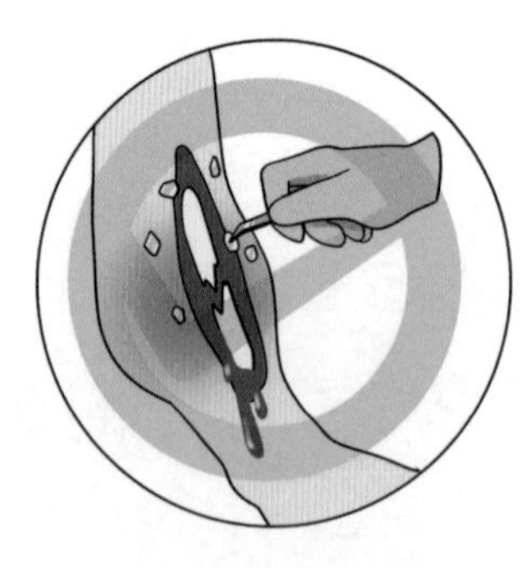

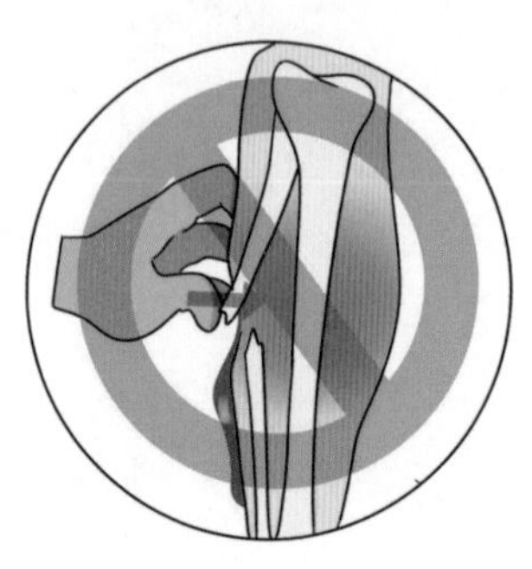

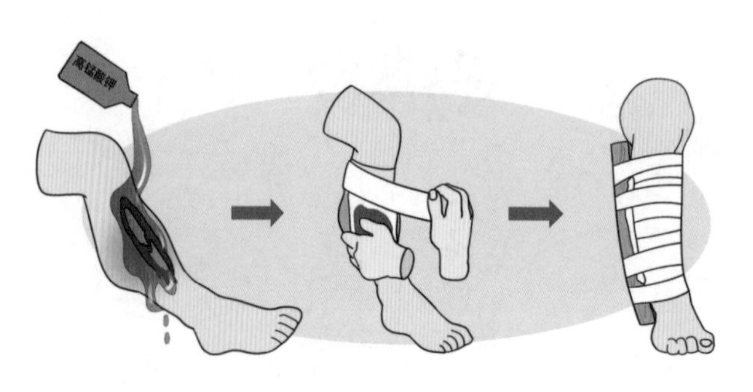

② 伤口处若有大量出血，一般可用敷料加压包扎止血。选用家用纱布或干净布料进行包扎，避免伤口受到污染。

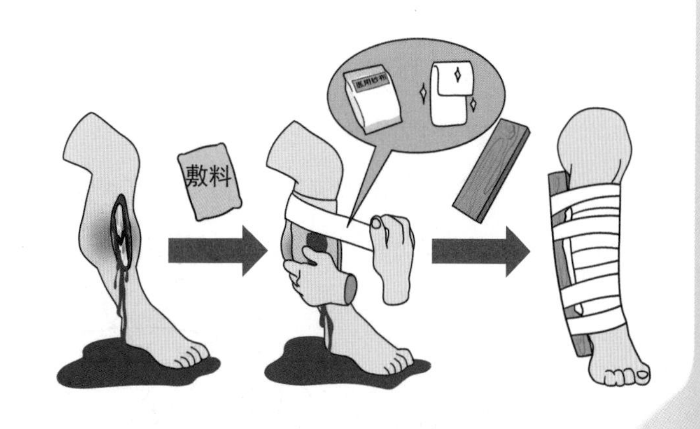

③ 如遇出血严重、不便或不能压迫止血的（一般指大腿开放性骨折或者其他部位严重出血的），应用止血带或者布条等环扎该部位近心脏的一侧，立即送往医院，且不断与伤者交流，注意其情况，防止其失血过多引起昏迷、休克甚至死亡。使用止血带止血时，要记录开始使用止血带的时间，每隔30分钟应放松1次（每次30 ～ 60秒），以防肢体缺血坏死。

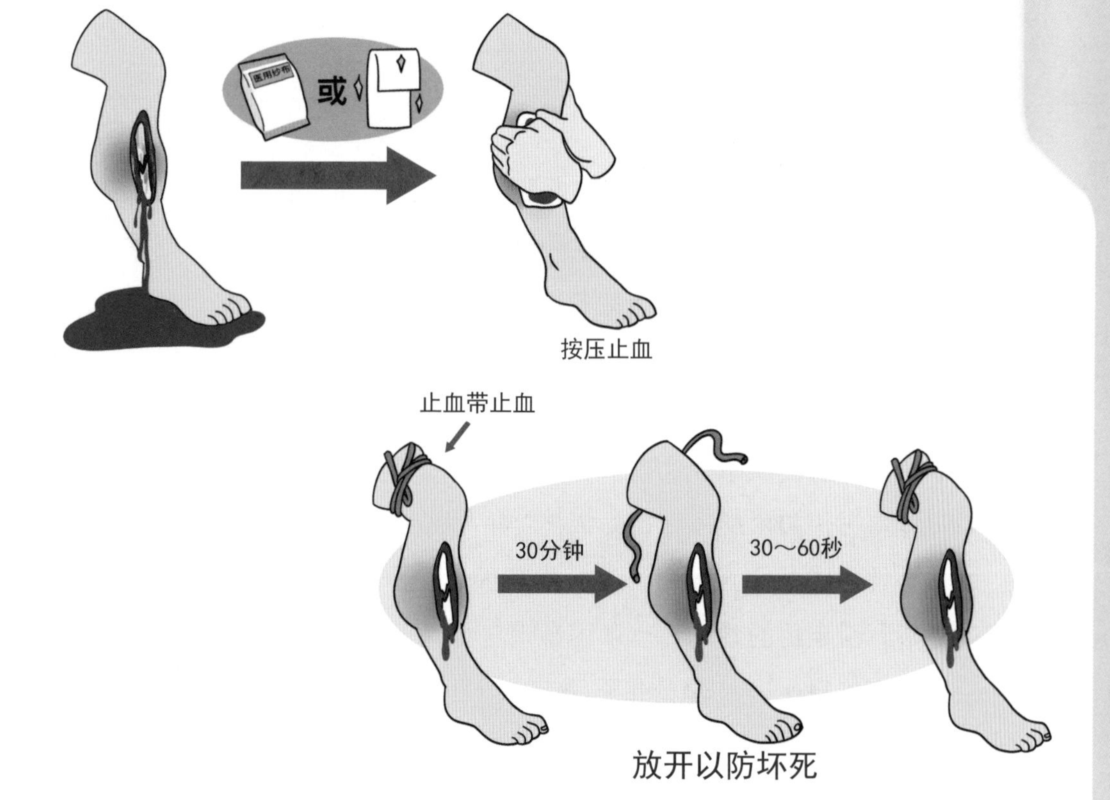

④ 如为轻度无伤口骨折，尚未肿胀时，可先进行冷敷处理，使用冰水、冰块或者冷冻剂用棉布或者毛巾包裹后敷住骨折部位防止肿胀，可使用冰冻的矿泉水或纯净水，不建议使用自来水。开放性伤口则不宜冷敷。同时注意避免冻伤，需加棉垫或者用毛巾包裹冰冻物再敷患处。

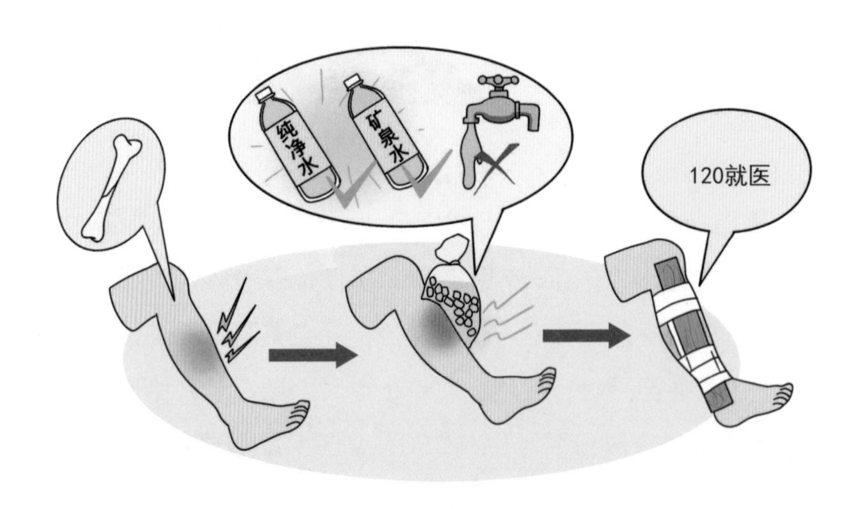

3.简单固定

现场急救时及时正确地固定断肢，可减少伤员的疼痛及周围组织继续损伤，同时也便于伤员的搬运和转送。但急救时的固定是暂时的。因此，应力求简单而有效，不要求对骨折准确复位；开放性骨折有骨端外露者更不宜复位，而应原位固定。

一般采用比骨折部位稍长的夹板，如无条件，急救现场可就地取材，比如用干净的硬质木板、木条和绷带进行固定。如果没有木板，其他硬质物体均可，如木棍、板条、树枝、手杖或硬纸板、擀面杖、雨伞、报纸卷等都可作为固定器材，其长短以固定住骨折处上下两个关节为准。如找不到固定用的硬物，也可用布带直接将伤肢绑在身上，骨折的上肢可固定在胸壁上，使前臂悬于胸前；骨折的下肢可同健肢固定在一起。绷带也可以用身边的围巾、领带等替代。固定不应过紧，木板和肢体之间垫松软干净的物品，再用带子绑好。捆绑时以刚好固定为宜，不能过紧，包扎固定过紧会引起神经麻痹、缺血、坏死等情况发生，须密切注意患者状况。

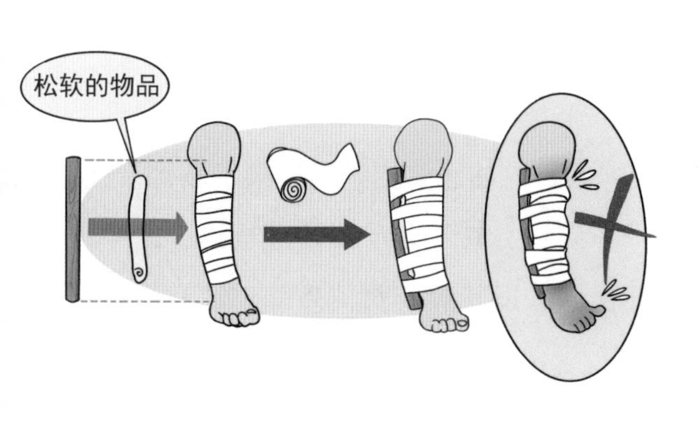

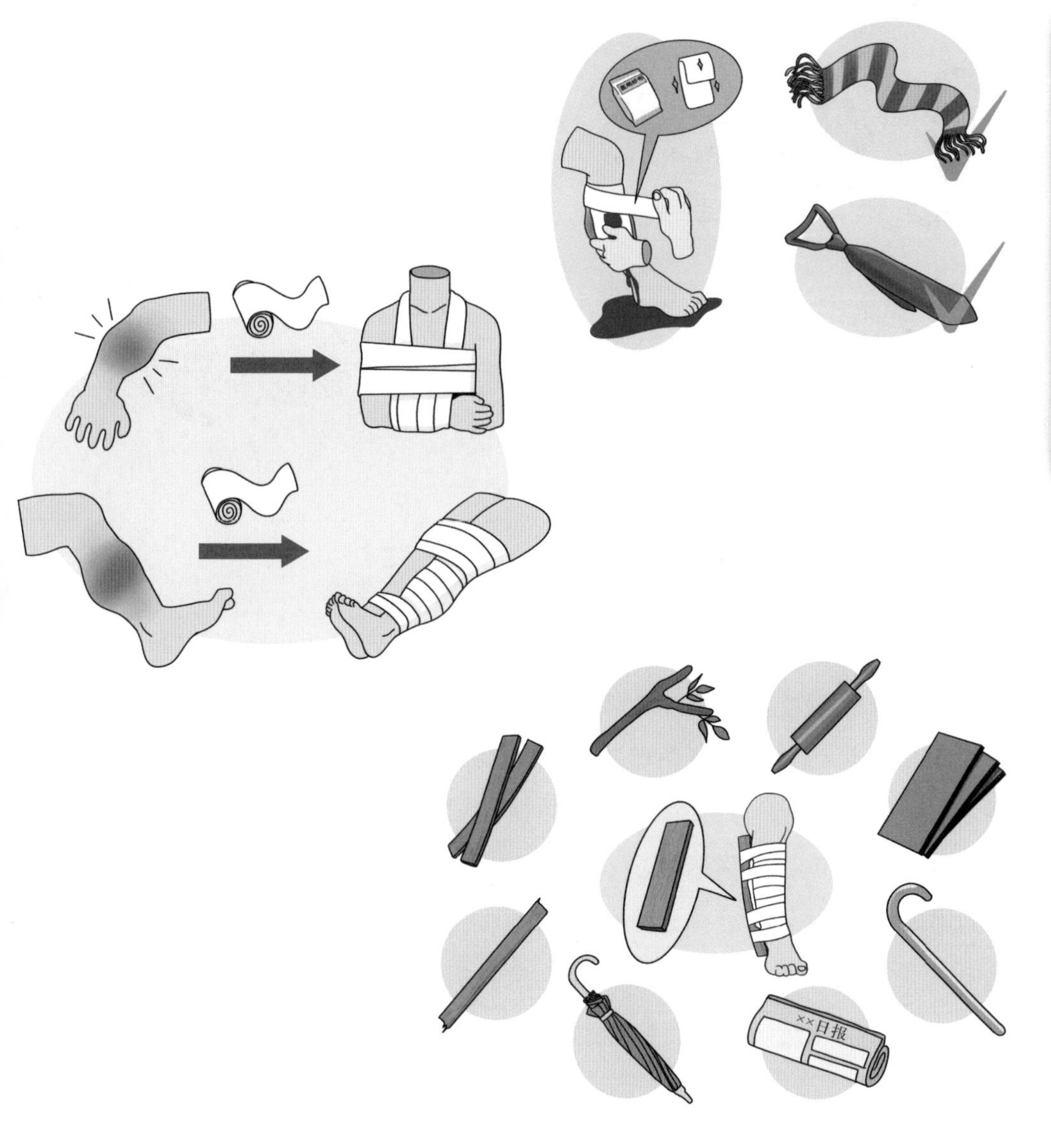

成人创伤

4.安全转运

经以上现场救护后，应将伤员迅速、安全地转运到医院救治。如果上肢骨折、不影响走路的情况，立刻自行前往医院治疗；如果下肢骨折，建议直接拨打急救电话，等待救护车到达。转运时尽量用硬板床，途中要注意动作轻稳，防止震动和碰坏伤肢，以减少伤员的疼痛；注意保暖和适当的活动。

特别强调，如果是颈椎部位的骨折，不当急救操作可使颈部脊髓受损，发生高位截瘫，严重时导致呼吸抑制危及生命。胸腰部脊柱骨折时，不恰当的搬运也可能损伤胸腰椎脊髓神经，发生下肢瘫痪。怀疑有脊柱骨折，应就地取材固定伤处，等待救援车的到来，必须用担架运送，而且搬动伤者前需确认伤者情况，不能搬动或者挪动伤者肢体，以免造成二次伤害。四肢骨折处出现局部迅速肿胀，提示可能是骨折断端刺破血管引起内出血，可临时找些木棒等固定骨折处，千万不要随意搬动伤肢以免造成骨折端刺破局部血管导致出血。

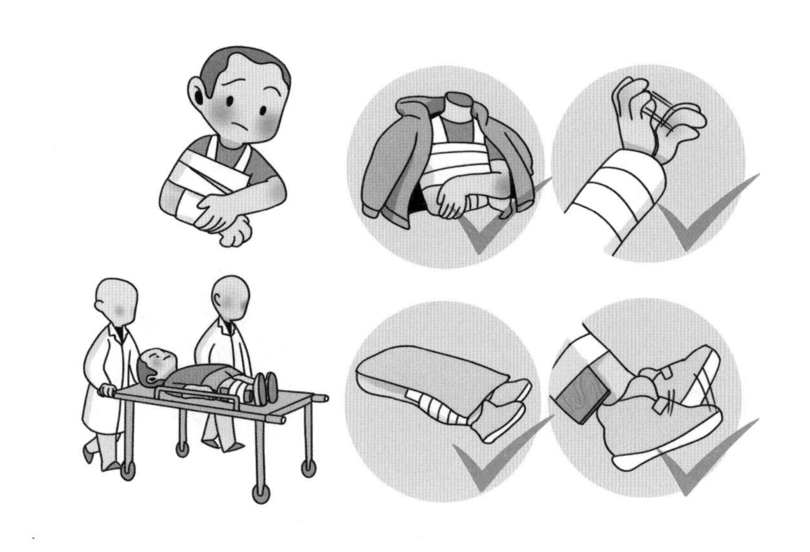

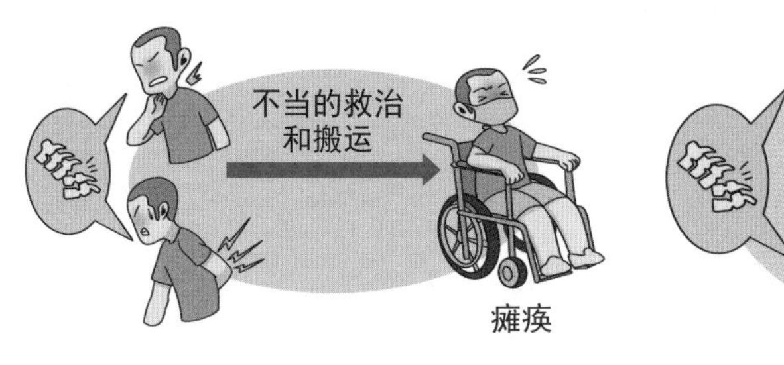
不当的救治
和搬运
瘫痪

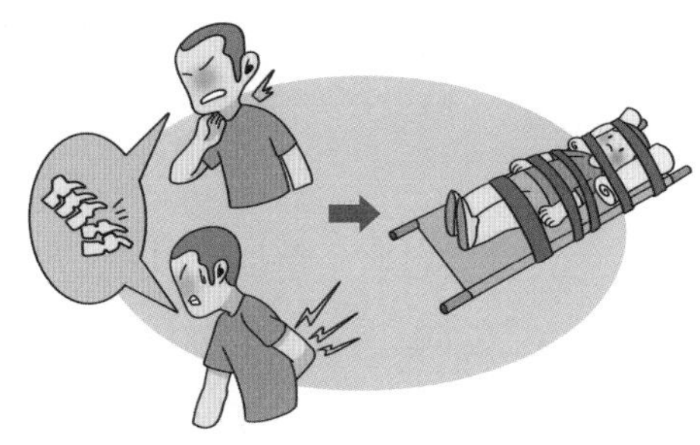

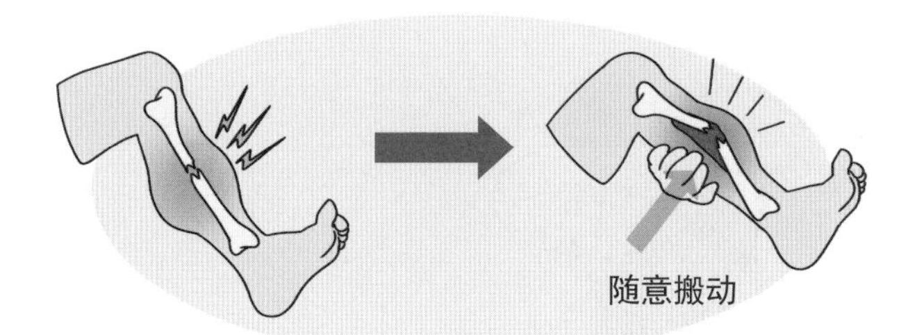
随意搬动

不要随意搬动

四、关节脱位

1.什么是关节脱位（脱臼）？

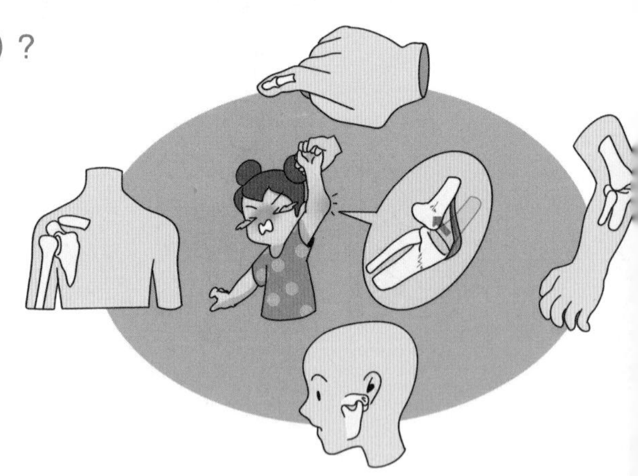

关节脱位，是指构成关节的上下两个关节面失去了正常的位置，发生了错位，俗称脱臼。常见的脱位关节包括肩关节、肘关节、指间关节、踝关节、下颌关节等。

2.关节脱位（脱臼）的表现

（1）一般都有明显的外伤；

（2）受伤关节处出现疼痛、肿胀、活动受限；

（3）关节可能出现畸形。

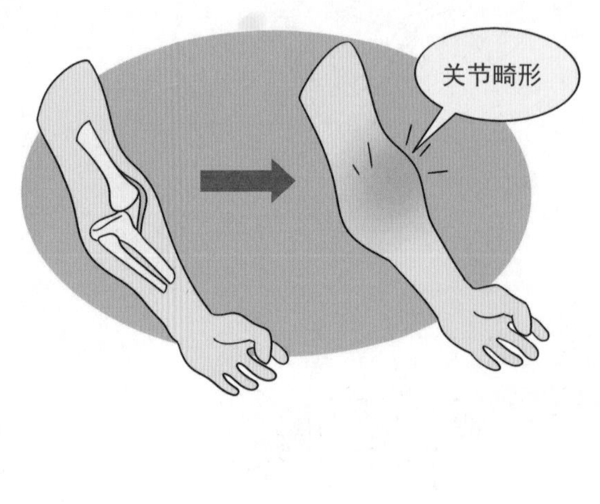

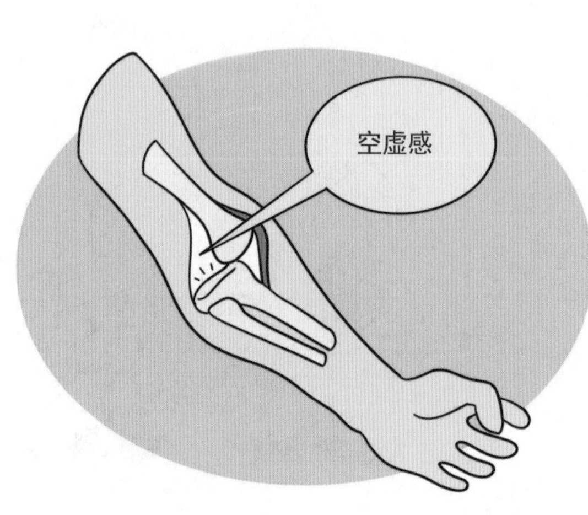

3.如何预防脱位（脱臼）？

（1）进行运动前，做好充分的热身活动，比如拉伸、环绕等动作。

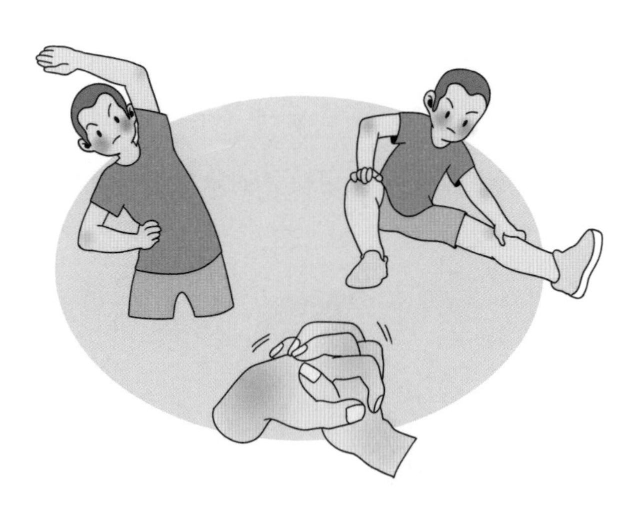

（2）运动前检查活动器械是否牢固、有无损坏。

（3）尽量避免过于激烈的活动，避免不必要的身体伤害。

4.脱位（脱臼）后如何处理?

（1）受伤部位夹板固定：手指关节，可以用冰淇淋木柄做固定；上下肢或髋关节，可以用较大的木板进行固定。

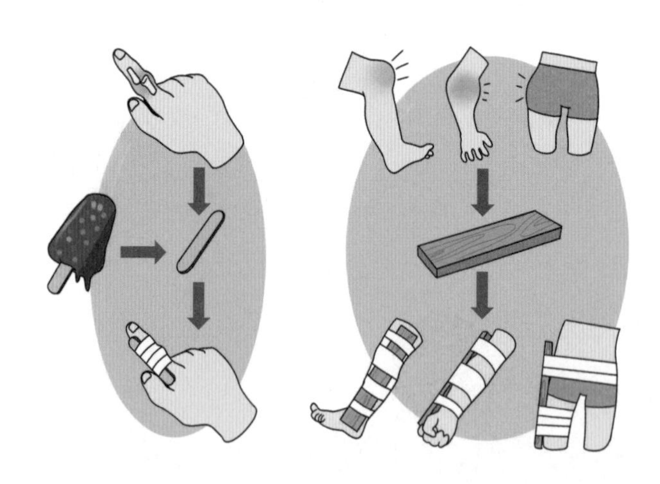

（2）立刻前往医院

① 不影响行走的脱臼部位，比如手指或上肢，请立刻坐车去医院就诊。

② 影响行走的脱臼部位，比如髋关节、下肢等，请直接拨打急救电话，等待期间平卧休息，放松情绪。

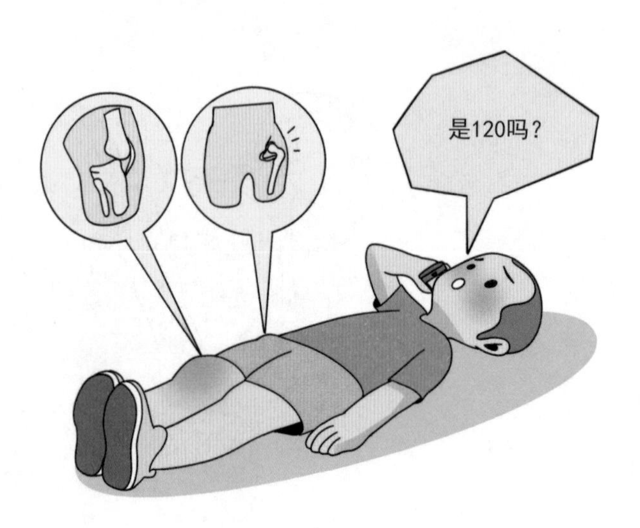

③ 避免因为没有明显不适拖延治疗；如果出现关节脱位而不及时复位，后期需要进行手术复位。而手术复位的效果可能没有受伤当时及时复位好。

④ 避免受伤部位继续活动（尤其是下肢关节出现脱臼时，不能走路），否则可能会引起损伤加重。

⑤ 避免非专业人士进行复位：非专业人士进行手法复位风险较高，可能加重伤情。

五、出血

1. 什么是出血?

出血是指血液自心、血管腔流出。流出的血液逸入体腔或组织内者，称为内出血，血液流出体外称为外出血。

2. 出血的分类及判断

（1）内出血：一是从有无吐血、咯血、便血、尿血，判断相关内脏有无出血；二是从是否出现全身症状，如面色苍白，出冷汗，四肢发冷，脉搏快弱，昏迷，呕吐以及胸、腹部有无肿痛，判断肝、脾、胃及脑颅内等重要脏器有无出血。

（2）外出血：分为三种。

① 动脉出血：血液呈鲜红色以喷射状流出，失血量多，危害性大，若不立即止血，要危及生命。

② 静脉出血：血液呈暗红色以非喷射状流出，如不及时止血，时间长，失血量大，也会危及生命。

③ 毛细血管出血：血液呈水珠状渗出，颜色从鲜红变暗红，失血量少，多能自动凝固止血。

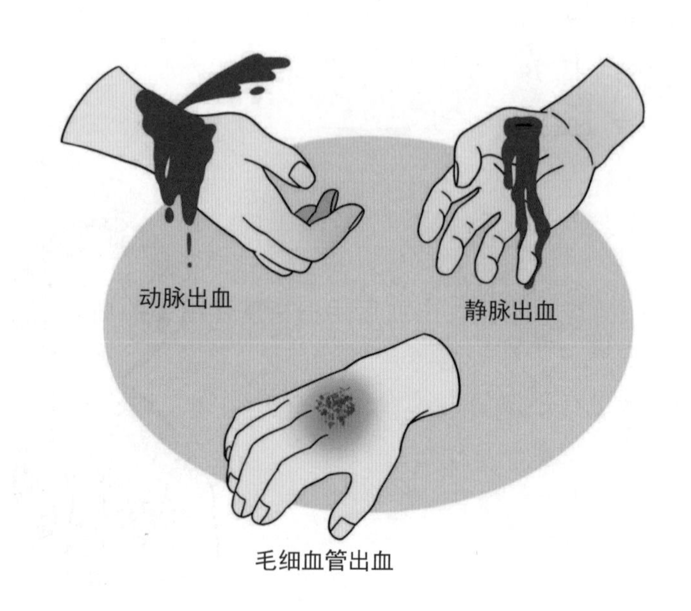

3. 出血后的处理

（1）一般止血法

针对小的创口出血（如擦伤、割伤）。

① 用清水或者生理盐水清洁伤口，再用干净纱布或毛巾等擦干。

② 用创口贴或者干净的纱布、布条、衣服条、手绢等覆盖伤口并保持按压5 ~ 15分钟。

③ 血止住后，不用包扎，用碘伏消毒即可。

注意事项

不要用药棉或有绒毛的布直接覆盖在伤口上。

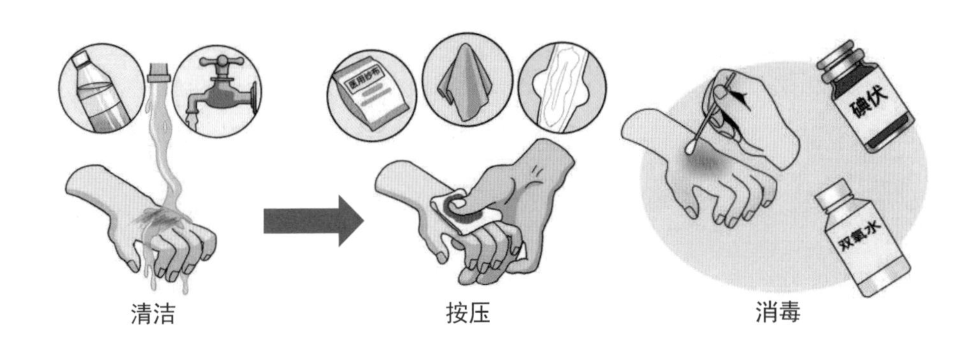

（2）大量出血止血方法

采取指压止血法。此方法一般适用于较大动脉出血的情况，为止血短暂应急措施，出血后用拇指压住出血的血管上方（近心端），将动脉压迫到骨面上。使血管被压闭住，中断血液，只适用于头、面、颈部及四肢的动脉出血急救，注意压迫时间不能过长。

① 头顶部出血：在伤侧耳前，对准耳屏上前方1.5厘米处，用拇指压迫颞动脉。

② 颜面部出血：用拇指压迫伤侧下颌骨与咬肌前缘交界处的面动脉。

③ 头面部、颈部出血：四个手指并拢对准颈部胸锁乳突肌中段内侧，将颈总动脉压向颈椎上。但不能同时压迫两侧的颈总动脉，以免造成脑缺血坏死。颈总动脉压迫止血时间也不能太长，以免引起化学和压力感受器反应而危及生命。

④ 肩、腋部出血：用拇指或用四指并拢压迫同侧锁骨上窝，向下对准第一肋骨，压住锁骨下动脉。

⑤ 上臂出血：一手抬高患肢，另一手四个手指对准上臂中段内侧，将肱动脉压于肱骨上。

⑥ 前臂出血：抬高患肢，压迫肘窝处肱动脉末端。

⑦ 手掌出血：抬高患肢，压迫手腕部的尺、桡动脉。

⑧ 手指出血：抬高患肢，用食指、拇指分别压迫手指掌侧的两侧指动脉。

⑨ 大腿出血：在腹股沟中点稍下方，用双手拇指或肘部压迫股动脉。

⑩ 足部出血：用两手拇指分别压迫足背动脉和内踝的跟腱之间的胫后动脉。

做颈总动脉压迫时，不要同时压迫双侧颈总动脉，以免造成脑部缺血。

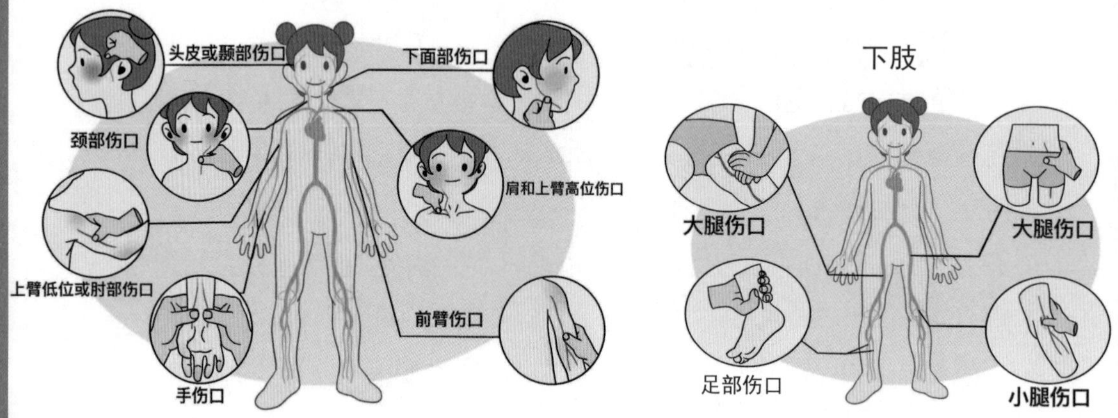

（3）加压包扎止血法

伤口覆盖无菌敷料后，再用纱布、棉花、毛巾、衣服等折叠成相应大小的垫，置于无菌敷料上面，然后再用绷带、三角巾等紧紧包扎，包扎后检查肢体末端血液循环，以停止出血为度。这种方法用于小动脉以及静脉或毛细血管的出血。但伤口内有碎骨片时，禁用此法，以免加重损伤。

注意事项

包扎应松紧适度，不宜过紧，包扎后应检查伤肢末端血液循环，如伤肢末端出现麻木、发凉或青紫，说明包扎过紧，应重新包扎。

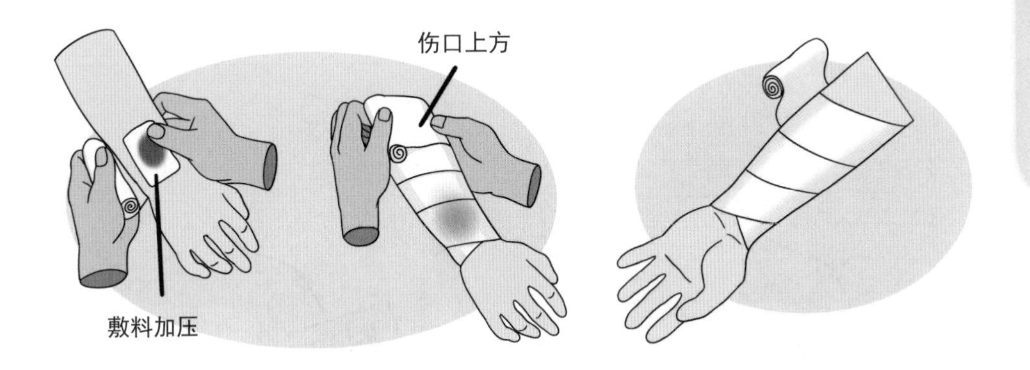

（4）止血带止血

主要是用橡皮管或胶管止血带将血管压瘪而达到止血的目的。这种止血方法较牢固、可靠，适用于四肢动脉大出血。方法：掌心向上，止血带一端由虎口拿住，留出五寸，一手拉紧，绕肢一圈半，中、食两指将止血带末端夹住，顺着肢体用力拉下，压住余头，以免滑脱。

注意事项

① 部位准确，止血带应扎在伤口的近心端，并尽量靠近伤口；

② 压力适当，止血带的标准压力为上肢250 ~ 300mmHg，下肢300 ~ 500mmHg，不可过大，以到达阻断远端动脉搏动消失，阻断动脉出血为度；

③ 下加衬垫，止血带不能直接扎在皮肤上，应先用衬垫垫好再扎止血带，以防勒伤皮肤，切忌用绳索或铁丝直接扎在皮肤上；

④ 控制时间，上止血带的总时间不应超过5小时（冬天可适当延长）；

⑤ 定时放松，应每隔0.5 ~ 1小时放松一次，放松时可用指压法临时止血，每次松开2 ~ 3分钟，再在稍高的平面上扎止血带，不可在同一平面上反复缚扎；

⑥ 标记明显，上止血带的伤员要在手腕或胸前衣服上做明显标记，注明上止血带具体时间。

（5）屈肢加垫止血法

当前臂或小腿出血时，可在肘窝、腘窝内放以纱布垫、棉花团或毛巾、衣服等物品，屈曲关节，用三角巾、绷带或领带等作8字形固定。

注意事项

有骨折、骨裂或关节脱位者不能使用；使用时要经常注意肢体远端的血液循环。

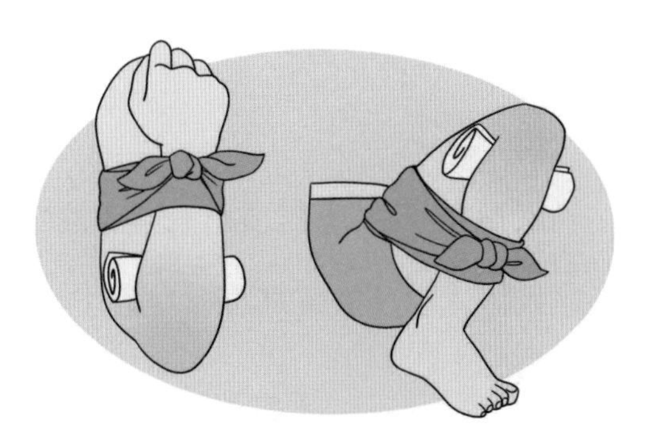

（6）绞紧止血法

用三角巾折成带状或用布条作止血带，在肢体出血点上方绕患肢打一个活结，活结朝上，避开中段，取一根小棒或代用物穿在带形外侧绞紧，绞棒的一端插在活结小圈内固定。

注意事项

先将绞棒上提而后绞动；松紧适宜，以不出血为止。

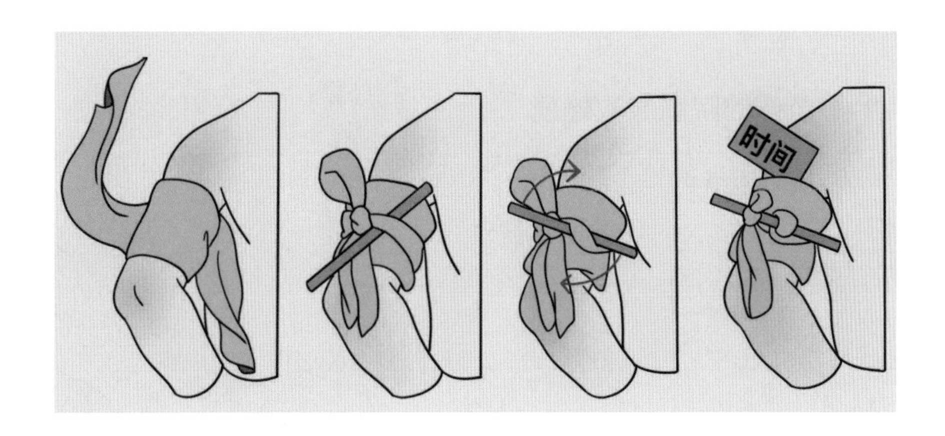

六、高坠伤

1. 什么是高坠伤?

高坠伤是指人体从高处以自由落体运动坠落，与地面或物体发生撞击引起的损伤。

2.高坠伤损伤程度的影响因素

人体体重；坠落高度；地面（物体）情况；接触方式和部位；中间物作用。

3.高坠伤的表现

主要有以下几类：软组织损伤、骨折、头部损伤、胸部创伤、腹部创伤。

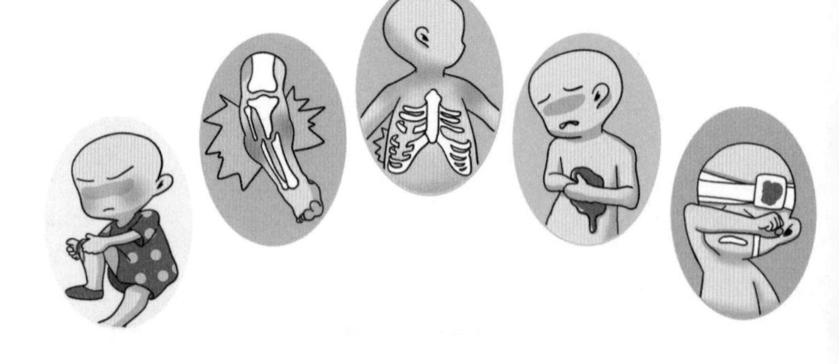

4.高坠伤的院前急救处理

（1）观察伤者的神志、面色、呼吸、血压、脉搏、体位、出血、骨折等问题；联系120；切勿随意搬动伤者，禁止一人抬肩一人抬腿的搬法，以免对患者造成二次伤害。

（2）有呼吸困难或者呼吸停止的，应紧急开放气道，保证呼吸道通畅及进行呼吸支持（注意在开放气道时不要用力使伤员的头后仰，防止加重其颈椎损伤）；心脏骤停者进行连续的心脏按压。

（3）出血的处理（详情见出血处理）。

（4）骨折的处理（详情见骨折处理）。

5.高坠伤的预防

（1）提高安全意识

教育从事高处作业的人员，打起十二分精神，宁可麻烦也不能采取危险动作，要时刻牢记安全第一。

（2）持证上岗

高处作业危险性比较大，所以要求作业人员必须通过相关的培训和考试，取得高处作业的资格后再上岗。

（3）遵守安全规章制度

高处作业人员要严格遵守各项安全规章制度，按照安全作业指南进行作业，切勿轻视各项规章制度，须知安全无小事。

（4）佩戴防护用具

高处作业一定要佩戴好安全防护用具，如安全帽、安全带，同时配备安全网，作业时要主动远离危险区域。

（5）注意作业细节

高处作业过程中，要注意对作业环境和作业细节的观察，发现潜在的安全隐患，如作业人员之间的距离过近、作业物料堆放不稳等问题。

（6）定期体检

高处作业人员需要定期进行体检，避免患有不利于从事高空作业的疾病，如心脏病、高血压等。

（7）心理关助

要为有自杀倾向的人及时提供心理救助，防止惨剧发生。

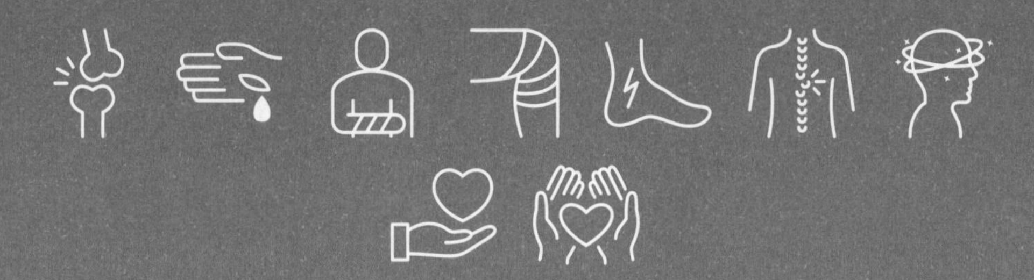

烧烫伤预防及急救科普

一、风险预防

第一、正确用火：无论是乡村烹饪生火还是城市里面使用天然气烹饪，尽量不要穿着过于宽松的衣物，也不要穿着易燃材质的衣服，避免出现意外着火的现象。电磁炉的安全性相对会高一些。平时尽量不要在家中抽烟，尤其不能在床上抽烟，避免引发火灾。

第二、正确用水：建议可以在热水器上设置一个恒温器，这样可以减少热水烫伤现象的发生，也可以在浴缸或者水龙头上安装一个恒温器。使用热水之前，可以先用手指测试一下水温，也可以用手触摸一下水龙头的温度，不要直接将皮肤伸到水龙头底下。如果家里使用的热水壶过于老旧，一定要及时更换新的热水壶，避免热水壶爆炸而造成严重的烧烫伤。

第三、避免触电：手上沾有水的时候一定不可以触碰任何的电器和电线，也不要携带电器到浴室中使用。使用电热毯的时候要按照说明书正确操作，并且需要定期进行排查检修。晚上睡觉之前要记得将家中不使用的电器开关全部关掉。

1.日常生活注意定期排查可能的烧伤隐患，如老化的燃气灶、松动的电器插座接头及老化的电线，不私拉电线。

2.正确处理可能引起火灾事故的意外事件，如燃气泄漏时应及时关闭总闸门并开窗通风，正确使用灭火器。

3.改变容易引起意外烧伤的不良生活习惯，如躺在床上吸烟、长时间使用电热装置。

4.在接触热水壶或热油锅时，需要佩戴隔热手套进行隔热，热汤不宜装盛过满，并将这些高热物品放置在远离家人的安全位置。

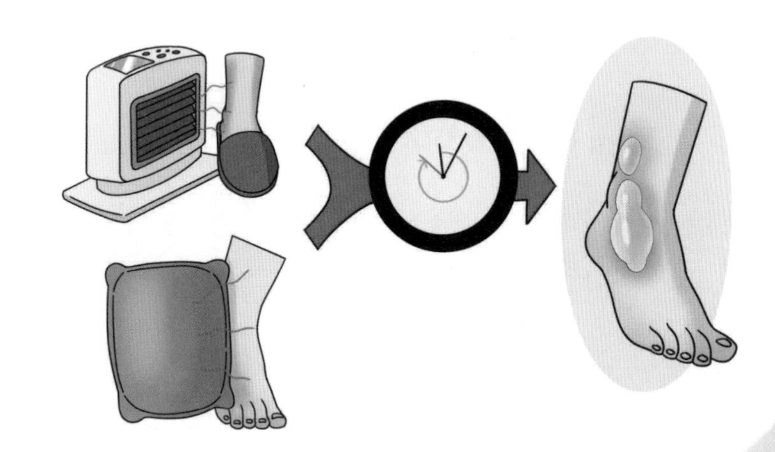

5. 使用电暖器、暖宝宝等注意避免长时间接触导致低温烫伤。

6. 骑摩托车时，注意与排气管保持适宜距离，避免被排气管烫伤。

7. 高温天气，做好防晒措施，可使用防晒霜，戴帽子、穿长袖长裤，避免晒伤。

二、烧烫伤表现识别

1. 皮肤组织结构示意

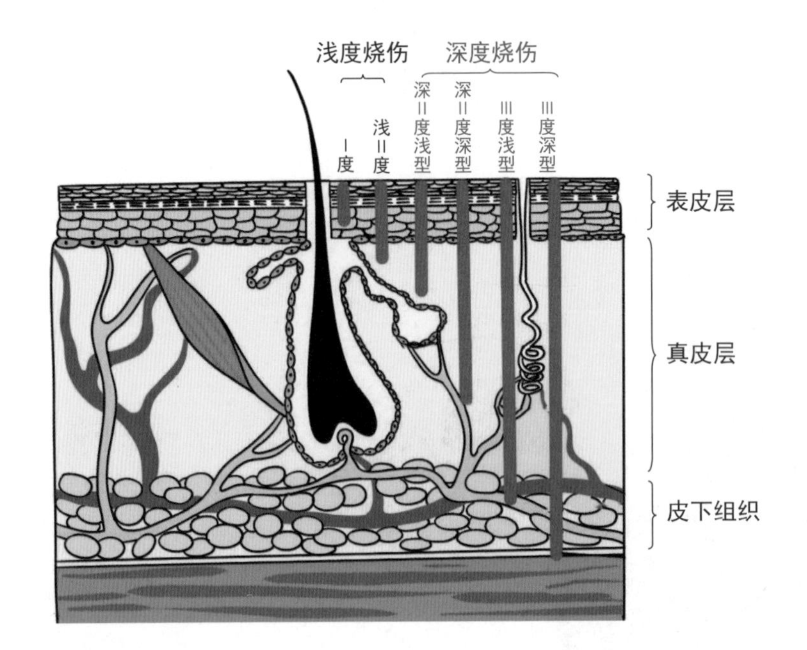

2. 烧烫伤表现

Ⅰ度烧伤（红斑型）：表面红斑状，干燥、烧灼感。

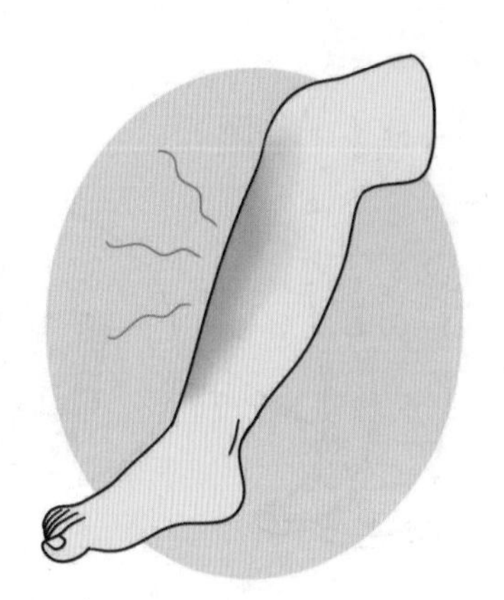

浅Ⅱ度烧伤（水疱型）：红肿明显，疼痛，有大小不等水疱、疱壁较薄，创面基底红润、潮湿。

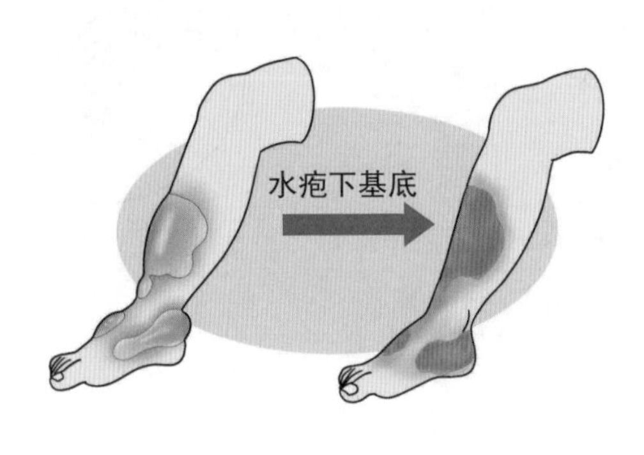

深Ⅱ度烧伤：可有水疱，创面基底微湿、红白相间，痛觉较迟钝。

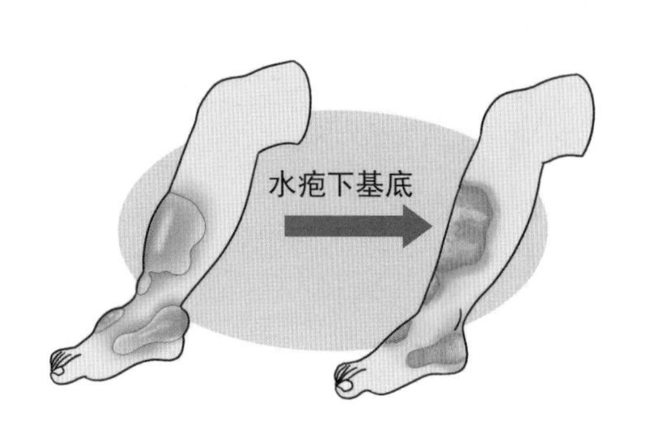

Ⅲ度烧伤（焦痂型）：伤及皮肤全层，甚至伤及皮下、肌肉、骨骼。

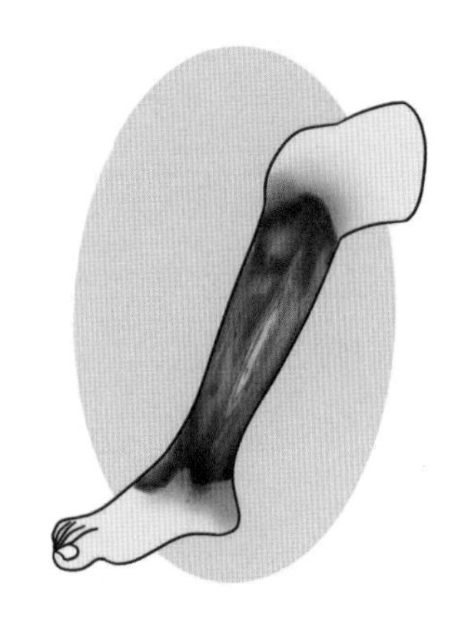

三、急救

（一）患者烫伤现场急救

1. 立刻离开热源

迅速离开热源，避免伤害的持续加深。患者手臂烫伤后，应及时去除手表、手镯等饰物，防止伤处肿胀，影响血液循环，进而引起严重不良后果。

2. 脱掉烫伤处衣物

如果衣物被粘住，切记不可硬脱，可用剪刀小心剪开，并保留有粘连的部分。

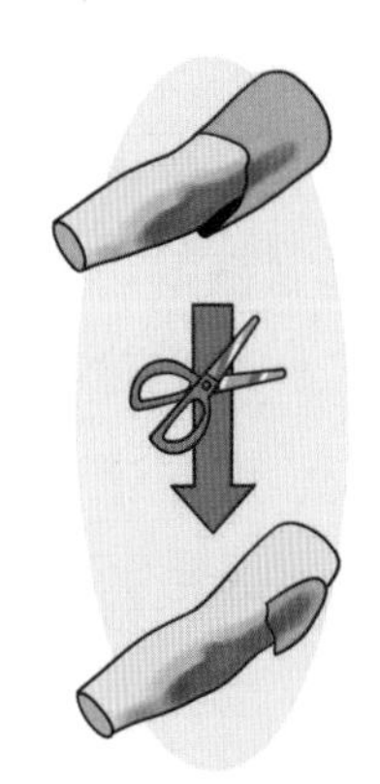

3.冷水冲洗烫伤部位或放入冷水中浸泡

用大量凉水冲洗伤处，或者将伤处放入凉水中浸泡半小时（水温不低于5℃，以免冻伤）若出现颤抖现象，要立刻停止浸泡。

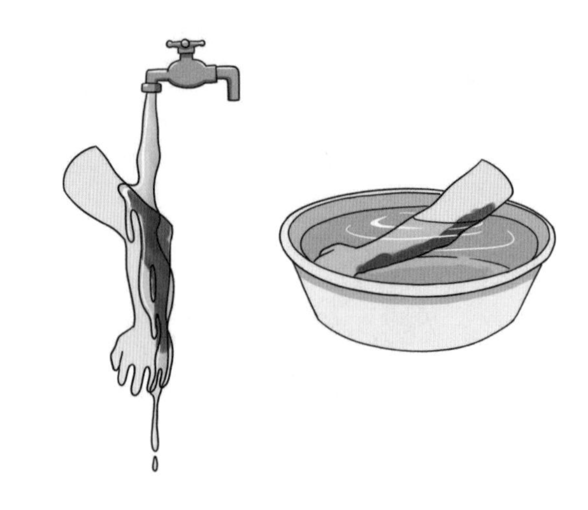

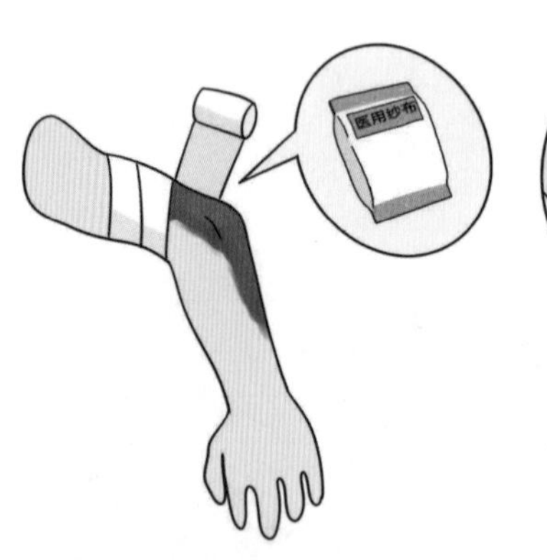

4.用纱布盖住烫伤部位

如果皮肤出现水泡，切记不要随意刺破。

5.及时送往医院

严重烫伤患者可能会出现疼痛难忍、烫伤面积大、渗液多、意识障碍等。遇到这种情况，简单家庭处理后，立即拨打急救电话。

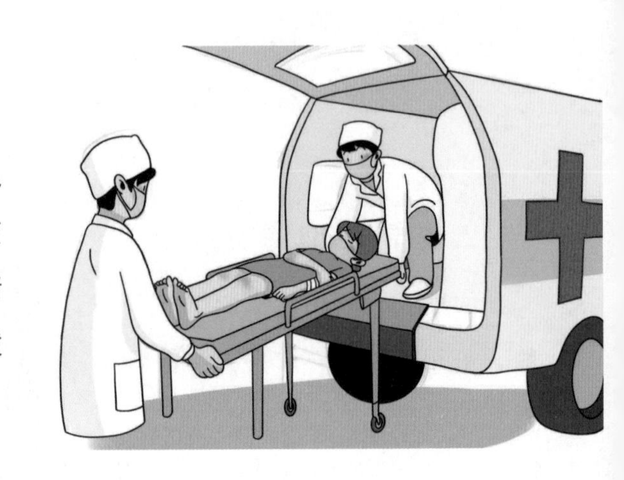

（二）火场现场急救

1.立即停下所做的事，用双手保护脸部避免脸部烧伤，趴在地上，来回翻滚压灭火焰，脱离火场，视情况及时拨打119。

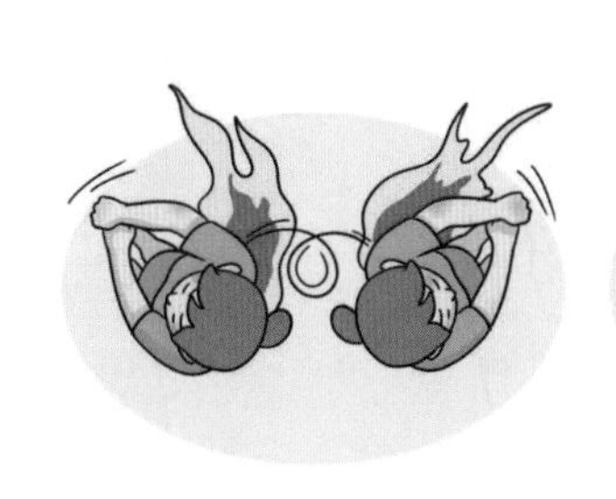

2.浓烟向上升，因此把身体放低，匍匐前进，离开现场。

3. 用冷水冲淋被热源破坏或浸润的衣物，并剪开脱下。

4. 使用浸湿的无菌纱布或洁净的湿毛巾覆盖烧伤创面。

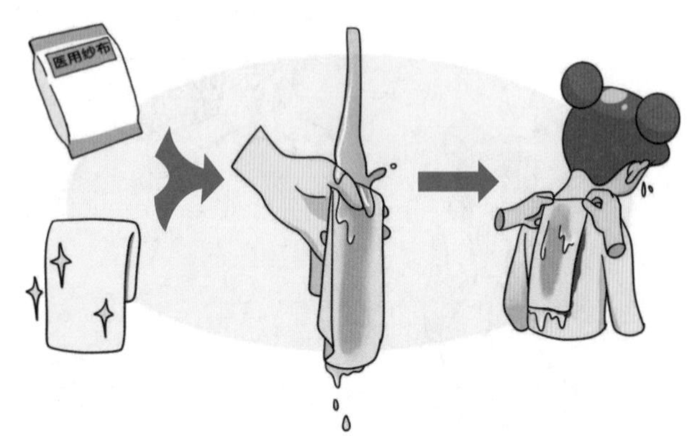

5. 有人受伤立即拨打急救电话，注意观察伤者是否有休克表现。

四、化学性烧伤自救

眼烧伤：大量清水冲洗。

皮肤强酸强碱烧伤：干毛巾擦拭后用大量清水冲洗。

五、常见误区

1.给创面涂抹牙膏、芦荟、酱油、红药水等

因为牙膏、芦荟等本身没有抗感染作用，且常带有一定数量的细菌；酱油、红药水等有色溶液遮盖了创面，影响医护人员准确识别烧伤的深浅程度。

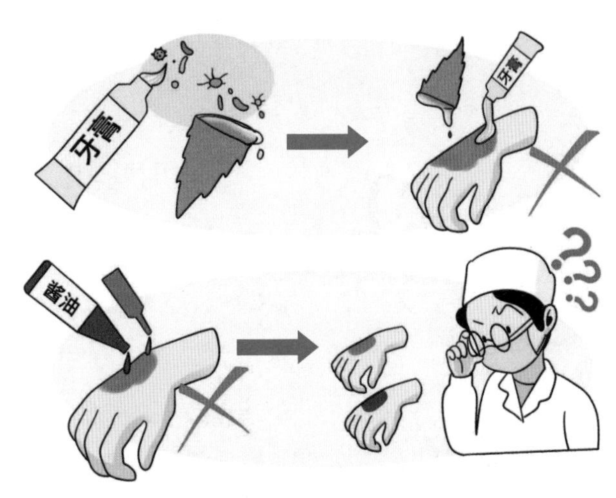

2.自行随意刺破水疱

疱皮可起到保护创面的作用，不应随意刺破。

3.浸泡伤处过久或冷疗时间过短

冷疗包括冲水、浸泡，可降低局部温度，减轻烧烫伤程度和减轻疼痛，一般20 ~ 30分钟即可。对于烧伤面积大或年龄较小的宝宝，不要浸泡伤处太久，以免体温下降过度造成休克，延误治疗时机。

4.采用冰敷治疗

温度急剧降低可会造成创面的进一步损伤，加深创面的深度，导致伤情恶化。

5.短时间内摄入过量的水

大面积烧烫伤可引起伤者出现烦渴，短时间摄入大量水可引起水中毒，儿童易引起脑水肿，可给予患者口服适量的烧伤饮料、糖盐水等。

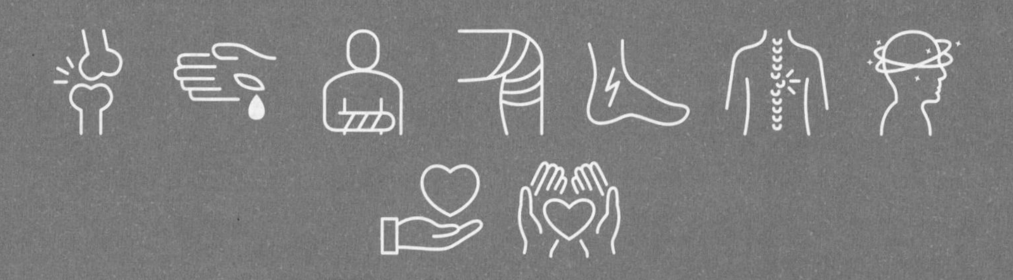

预防老年人跌倒

一、跌倒常见原因

1.疾病因素：帕金森病、老年痴呆、关节炎、心脑血管疾病等慢性老年疾病是老年人意外跌倒的常见影响因素。

2.心理因素：焦虑、忧郁、跌倒恐惧症等可能会增加跌倒风险。

3.药物因素：精神类药物、心血管药物和其他类药物可能会引起跌倒。

4.环境因素：复杂的环境条件包括生活环境、自然环境以及公共环境，增加了老年人跌倒的可能性，威胁老年人的人身安全。

二、易发生跌倒的几个场景

场景一：洗澡时

由于浴室空间狭窄，洗澡时人们习惯紧闭门窗，水蒸气难以挥发，室内温度、湿度较高，容易诱发晕厥。加之老年人往往患有慢性疾病或认知障碍，心血管功能不佳，易产生眩晕感，更易发生跌倒。

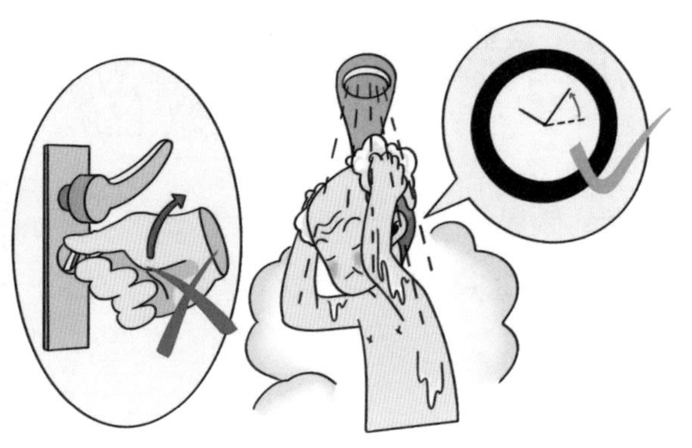

洗澡时防跌倒建议一：

洗澡时不要反锁浴室门窗，减少洗澡时间，尽量有专人照看陪护。

洗澡时防跌倒建议二：

可在浴室放置一把无背座椅，老年人可坐位洗浴。

洗澡时防跌倒建议三：

浴室可安置扶手，瓷砖应具备防滑特性，坐位洗浴时可在足下置一脚垫，增大摩擦力，防滑倒。

场景二：起夜时

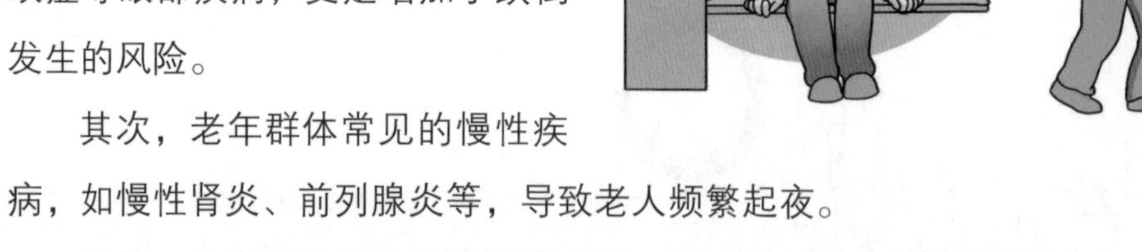

夜间是老年人跌倒的高发时段。

首先老年人视力减退，视线模糊，尤其很多老人患有白内障、飞蚊症等眼部疾病，更是增加了跌倒发生的风险。

其次，老年群体常见的慢性疾病，如慢性肾炎、前列腺炎等，导致老人频繁起夜。

此外，家庭环境的桌椅放置不合理，导致跌倒发生的概率增加。

夜间防跌倒建议一：

起夜时开灯，保证光线明亮，视野清晰，地面做好防滑措施。

夜间防跌倒建议二：

起夜时最好有家属等陪伴人员的陪同。

夜间防跌倒建议三：

教会和鼓励老年人学习“起床三部曲”。

第一步：在平仰卧的状态下，睁大双眼，凝视天花板或窗外，证明脑子思路清晰、完全适应了由睡至醒的交替过程。缓缓从被窝里坐起，呈半卧位，双眼正视前方，或头颈稍作转动，这样持续30秒。

第二步：双足自然下垂，静坐于床边30秒，慢慢起身直立。

第三步：在床边站立30秒，待站稳后，如果没有头晕、胸闷等不适，可以缓慢行走。

场景三：服药时

跌倒的发生也与用药时间有关，比如作用于中枢神经的药物一般在服药后0.5小时内迅速起效，其作用可影响人体的稳定能力，如损害认知力，导致直立性低血压、脱水或电解质紊乱等，并有较强的镇静效应，如在效应发作后患者起床或上厕所，可能会跌倒。

有研究显示，口服药物后0.5 ~ 1小时内的跌倒发生率比0.5小时内和1小时以上的发生率高，因此应重点预防发生在服药后0.5 ~ 1小时内的跌倒事件。

服药防跌倒建议：

服药时留意服用药物的剂量，服药时尽量选择坐位，服药后休息，待药物吸收后慢慢起身活动。

场景四：冬季外出时

冬季老人由于穿着较多，腿脚不方便，尤其在北方，路面结冰，老人经常在外出行走时摔倒。据统计，老年人在冬季骨折的发生率比其他季节要高出24%，冬季是老人最易摔倒的季节。

冬季外出防跌倒建议一：

穿戴的衣服、鞋子要合身，预防绊倒。

冬季外出防跌倒建议二：

外出戴手套，手不揣衣兜中，手上尽量不提重物，可以使用手杖等辅助行走用具，以增加行走稳定性。

冬季外出防跌倒建议三：

尽量减少不必要的外出，特别是下雨、下雪后路面较湿滑的时候。

场景五：等车时

等车时间一般较长，老年人容易在长时间等待后关节不够灵活，上车时就易摔倒。

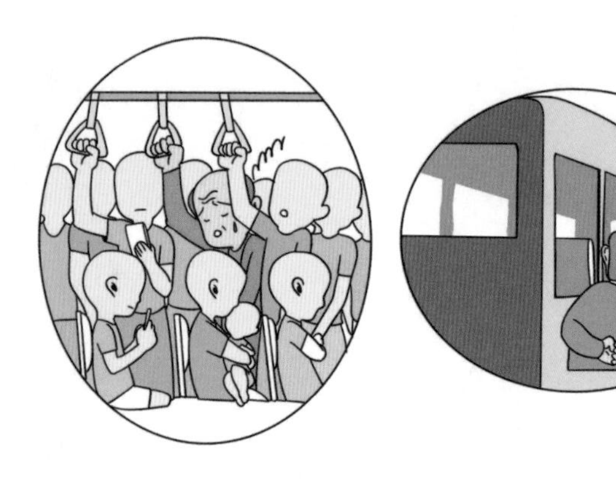

等车防跌倒建议一：

使用助行手杖，增加身体稳定性和平衡性。

等车防跌倒建议二：

有时等车时间较长，可在原地稍加活动。

等车防跌倒建议三：

上车时缓慢，不挤入人群。

场景六：乘电梯时

老年人肢体活动不够协调，乘扶梯时掌握不好节奏，容易跌倒。

乘电梯时防跌倒建议一：

使用手杖增加稳定，并扶住电梯扶手，身体尽量靠近电梯扶手侧。

乘电梯时防跌倒建议二：

遇人群拥挤尽量避免进入人潮，可寻找警卫人员陪护上楼。

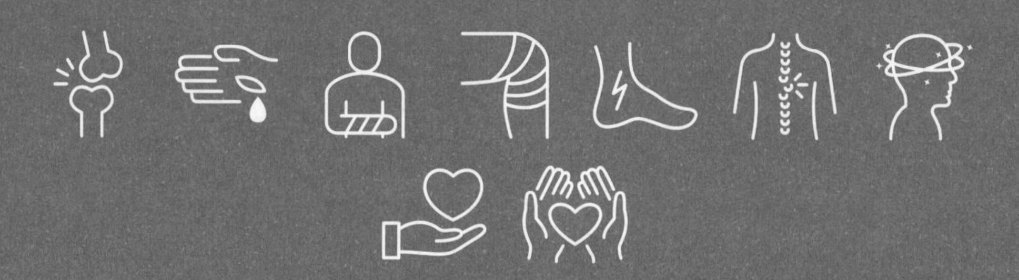

孕妇创伤
相关小知识

一、孕妇跌倒

1.什么是孕妇跌倒?

孕妇跌倒指突发的、不自主的，非故意的体位改变，倒在地上或更低的平面上。整个孕期，产妇的体重和体型不断发生变化，身体的平衡点随之改变，加上孕肚挡住脚下视野，以及孕期可能发生头晕、抽筋等各种不适，导致孕妇成为易跌倒人群。

2.孕妇跌倒的危害

跌倒不仅会危害个人健康，也会影响胎儿正常发育。这取决于孕妇跌倒时孕周大小、跌倒的部位以及跌倒的程度。

如果在孕早期跌倒，因为受精卵着床尚未稳固，跌倒所带来的外力作用易导致准妈妈先兆流产，更严重的则会引起直接流产。

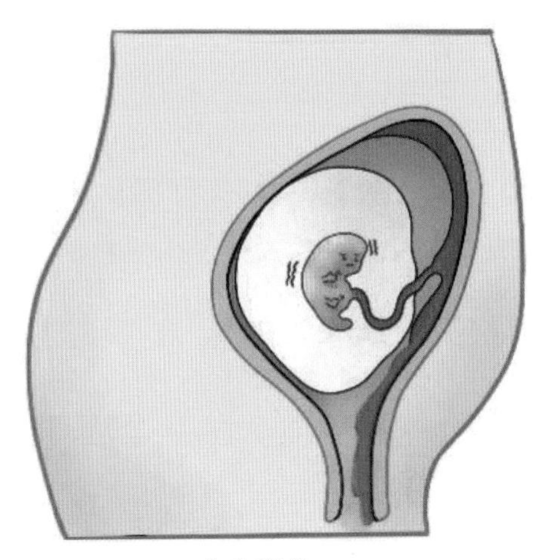
先兆流产

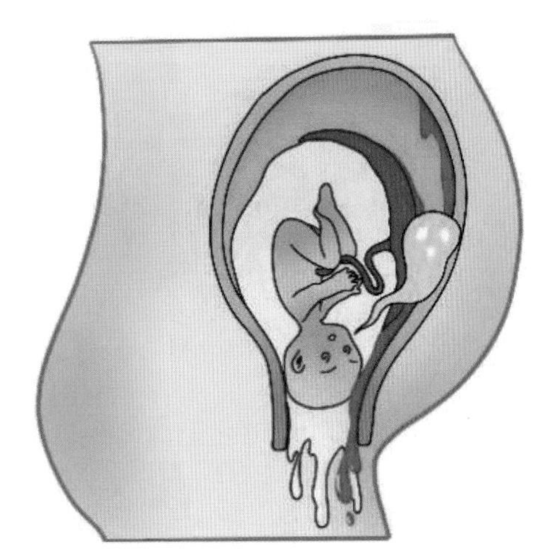
直接流产

孕中晚期，猛烈的跌倒可能会导致胎膜早破，甚至引起胎盘早期剥离，即胎盘与子宫壁分离，造成胎儿缺氧，严重时会导致胎儿死亡。

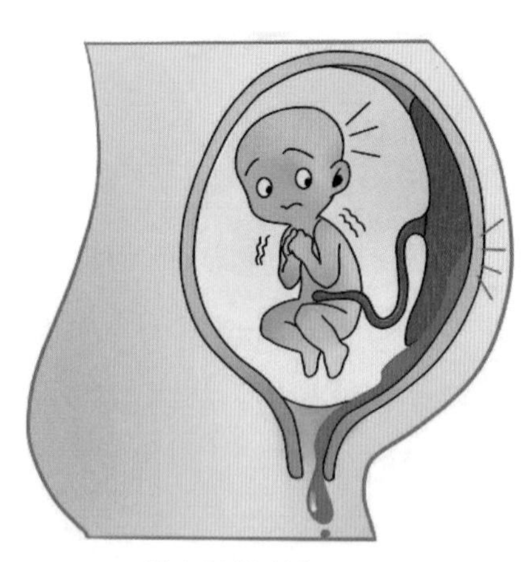
胎盘早期剥离

此外，还可能会出现子宫破裂等引起大出血，孕妇软组织损伤、骨折、头部受伤，或者引起胎儿骨折、子宫收缩、先兆早产等情况，危害母婴健康。

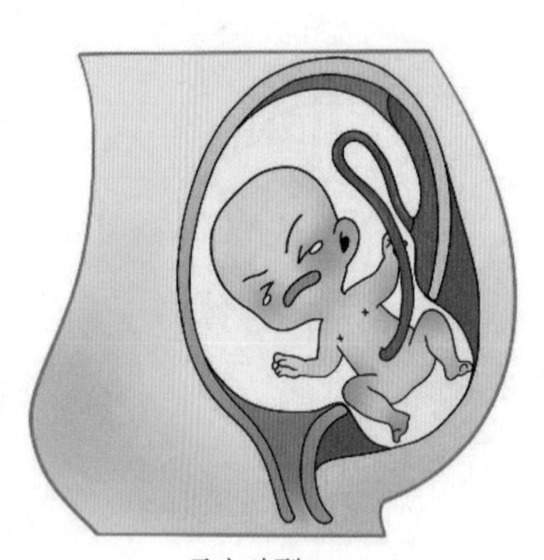
子宫破裂

孕妇骨折

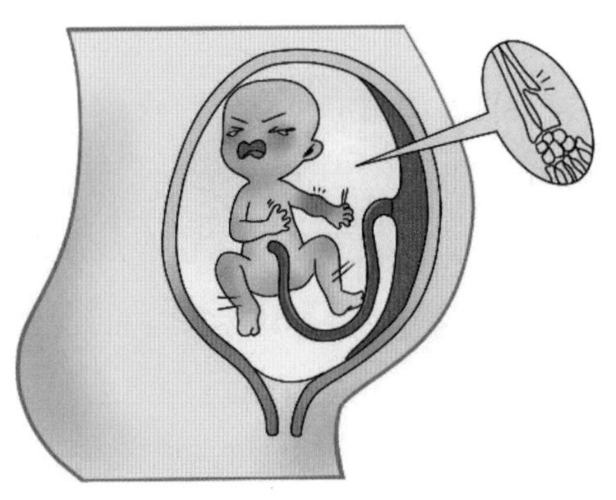

胎儿骨折

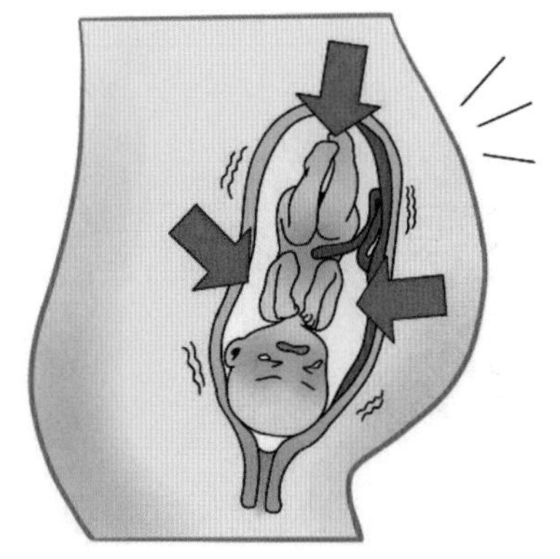

子宫收缩

3.预防孕妇跌倒（以下口诀要知晓）

重心变化易摔倒，家属多多来协助；
药物作用易头晕，服用之后勤休息；
地面湿滑莫着急，先拖干来后走路；
物品杂乱一堆放，及时清理才为好；
卧床时间过于久，起床记得三步走；
灯光昏暗行不通，保持敞亮才是好；
鞋子不合易跌倒，选择低跟防滑鞋；
保持心情总舒畅，切莫焦急环境忘。

4.孕妇跌倒后的紧急处理措施

① 孕妇：首先，切莫惊慌，尽量别乱动，尽快向路人呼救，等待支援，并告知路人不要用力拉拽，嘱路人将自己轻扶起来。如无路人，且无明显不适，应暂时休息，并尽快拨打120或家属电话进行求救。如果有家属陪伴，家属应轻扶起孕妇，并询问有无不适，再行判断是否要送入医院进行检查。如出现不适或有外伤，立即拨打120，送往医院进一步检查处理。

② 路人：先询问和查看孕妇状况，若孕妇未感觉明显不适且无外伤，应立即向他人呼救或用可用物品为孕妇创建有隐私、阴凉且空气流通的环境，并缓慢扶起孕妇至阴凉处休息，据情况判断是否要送入医院做相关检查。无需入院时，协助通知家属接回孕妇。如果孕妇有明显外伤，先就地取材为孕妇进行简单包扎。如果外伤较重或是孕妇自感不适，应立即拨打120，并协助通知家属，送往医院进行进一步检查与治疗。

视频：
孕妇跌倒

二、孕妇撞击伤

1. 什么是孕妇撞击伤？

孕妇撞击伤指孕妇受到外力撞击或孕妇身体意外的碰撞到物品而造成的孕妇及胎儿的损伤，其中最常见的撞击伤为车祸伤。

2. 孕妇发生撞击伤的危害

孕妇受到撞击时，对自身和胎儿的影响取决于受到撞击的严重程度，以及是否撞击到腹部。如果只是轻微的撞击，并且没有撞击到腹部，一

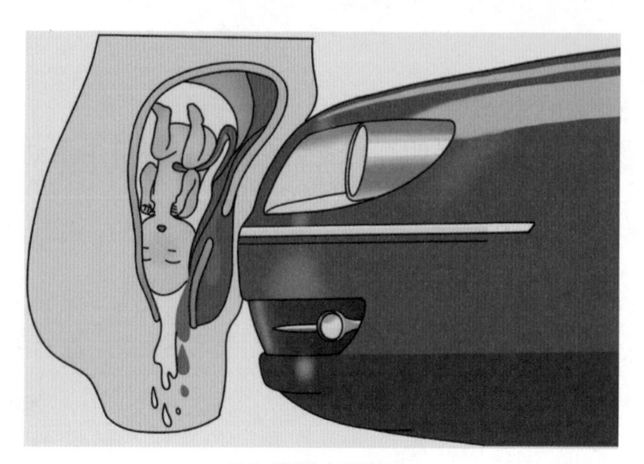
孕妇遭遇车祸撞击

般对胎儿是没有什么影响的。胎儿生活在羊水中，羊水具有一定缓冲作用，大部分轻微的撞击对胎儿的影响不大。

然而，如果遭受强烈的撞击，则容易导致孕妇发生胎膜早破、早产、阴道流血、胎盘早剥、子宫破裂等种种危险。

此外，即使撞击力不太大，但胎儿对于突如其来的撞击感受，往往也会产生惊吓反应。

3.如何预防孕妇撞击伤

① 正确系安全带：孕妇乘坐交通工具车时应正确系安全带，安全带应避开腹部，绑于下缘处，固定于大腿上方，避免紧急刹车时过大的力量撞击到腹部。

② 正确通过匝道门：孕妇应选择专用通道，待匝道门打开并固定好后，平稳匀速地通过。

③ 正确乘坐电梯：孕妇独自乘坐电梯时，应在电梯门开后，用手挡住电梯门，平稳匀速地走进电梯，选择在电梯按钮方向靠墙站，并握住扶手，出电梯时不要慌张，同样用手挡住电梯门，匀速平稳的走出。孕妇与家人或其他乘客一同乘坐电梯时，应最后进入电梯，电梯到达后最先出电梯，以避免被其他乘客挤压撞击。乘坐自动扶梯时，要握住扶手，与前后乘客保持至少一个梯子的距离，避免被其他乘客撞击误伤。

④ 保持环境的安全：孕妇的活动区域应选择在宽敞明亮的地方，避免前往人群拥挤的地点。居家环境应宽敞无阻碍物，家庭通道上不放置阻碍通行的物品，保持光线明亮，避免在黑暗的环境中活动。

⑤ 准确寻求帮助：孕妇外出时，应随身携带手机以及有铃声的小物品，便于遇到危险时立即向周围人寻求帮助，及时引起路人的注意。

4.孕妇撞击的紧急处理

① 孕妇

第一，发生撞击时，孕妇应迅速用随身携带的衣物或包遮挡肚子，以降低碰撞冲击力。

第二，被撞击后重心不稳快要跌倒时，尽量蜷曲身体缩成球形，避免用手或脚触地。

第三，立即向周围人求助。

② 家属及路人

第一，询问孕妇情况，若孕妇无明显自觉症状，可扶起孕妇，并仔细观察孕妇的表现，必要时到医院进一步检查，排除损伤。

第二，在孕妇有腹痛等症状时，不要擅自处理，第一时间拨打120急救电话。如果怀疑有骨折，简单固定患肢，避免发生移位，不要随便移动孕妇，以免发生二次损伤。

第三，如果是孕中晚期发生撞击时，观察有无阴道流血、流液的现象，并观察孕妇有无腹痛表现。如有明显症状，应及时到医院就诊。

第四，若发生严重撞击伤，应立即拨打急救电话，尽快入院接受下一步治疗。

视频：
孕妇撞击

主要参考文献

[1] 海姆利克急救法[J]. 成才与就业，2011（3）：1.

[2] 周静. 常见中毒与急救知识问答[M]. 北京：化学工业出版社，2008.

[3] 李玖军.《2018美国心脏协会心肺复苏及心血管急救指南更新——儿童高级生命支持部分》解读[J]. 中国实用儿科杂志，2019，34（2）：4.

[4] 陆治名，叶鹏鹏，汪媛，等. 中国2018年中小学生跌倒/坠落病例特征分析[J]. 中国学校卫生，2021，42（6）：917-921.

[5] 廖兆慧. 关于防溺水教育的几点思考[J]. 湖北应急管理，2022（9）：50-51.

[6] 毛俊涛. 遇上烧烫伤意外，正确处理是关键[J]. 中医健康养生，2021，7（9）：4.

[7] 陈孝平，汪建平，赵继宗. 外科学[M]. 9版. 北京：人民卫生出版社，2018.

[8] Bolding D J，Corman E. Falls in the Geriatric Patient[J]. Clin Geriatr Med，2019，35（1）：115-26.

[9] Chen W C，Li Y T，Tung T H，et al. The relationship between falling and fear of falling among community-dwelling elderly[J]. Medicine（Baltimore），2021，100（26）：e26492.

[10] Close J C T，Lord S R. Fall prevention in older people：past，present and future[J]. Age Ageing，2022，51（6）.

[11] Jiang J，Long J，Ling W，et al. Incidence of fall-related injury among old people in mainland China[J]. Arch Gerontol Geriatr，2015，61（2）：131-9.

[12] 刘明华，田君. 提高妊娠期创伤的认识与救治水平[J]. 临床急诊杂志，2015，16（08）：571-573.

[13] 相丽宁，张健. 孕产妇腹部创伤26例回顾性分析[J]. 医学理论与实践，2012，25（19）：2401-2402.

[14] 陈敦金，孙斌. 围生期常见创伤及紧急处理[J]. 中国实用妇科与产科杂志，2011，27（10）：749-752.

[15] 郑佳鹏，李昌，林也容. 妊娠期创伤19例分析[J]. 中国误诊学杂志，2011，11（25）：6237-6238.

[16] 徐昉，漆洪波. 孕产妇创伤处理与复苏[J]. 中国实用妇科与产科杂志，2011，27（02）：115-118.

[17] 胡新磊，潘丽霞，孔芬英，等. 孕妇创伤对胎儿预后的影响[J]. 现代中西医结合杂志，2006，（22）：3078+3129.

[18] 何细妹，张艳晓，胡艳丹，等. 孕妇创伤性颅脑损伤的救治及护理31例[J]. 实用护理杂志，2003，19（13）：34.

[19] 陈淑芳. 孕期创伤病人的急救护理[J]. 南方护理学报，2000，（01）：18-19.

[20] 火镇福. 妊娠期创伤：人际间的暴力作用[J]. 国外医学. 妇产科学分册，1997，(03)：172-173.

[21] 李力，朱锡光. 妊娠与创伤[J]. 中华创伤杂志，1997，(02)：67-69.

[22] 赵玉沛. 妊娠期创伤 妊娠结局的预测[J]. 国外医学. 外科学分册，1992，(02)：98.

[23] 李力，蒋耀光，刘怀琼. 妊娠期腹部创伤与救治[J]. 国外医学. 妇产科学分册，1991，(06)：338-341.

[24] 陆国兴，杨宗瑞. 妊娠期创伤[J]. 中国急救医学，1986，(02)：44-47+35.

[25] 张莹，张博雯，周伟元. 妊娠期创伤救护40例病例体会[J]. 中国现代医生，2017，55(24)：64-66.

[26] 盛超，王志坚. 妊娠期创伤时母儿评估及产科处理[J]. 实用妇产科杂志，2021，37(05)：333-336.

[27] 李力卓，何松柏，胡悦，等. 严重创伤的救治流程与策略[J]. 中国临床医生杂志，2023，51(07)：784-788.

[28] 徐昉，漆洪波. 孕产妇创伤处理与复苏[J]. 中国实用妇科与产科杂志，2011，27(02)：115-118.

[29] 张连阳. 孕产妇创伤的特点与救治策略[J]. 西部医学，2021，33(08)：1093-1095.